獻給親愛的母親

回憶的味道

TASTE OF MEMORY

司徒衞鏞
著／攝影

JPC HK

推薦序

鄧達智

香港三聯即將推出廣告行尊、美術指導、作家……集多種身份的文化人：司徒衞鏞（William Szeto）過去在Facebook與朋友分享的精彩文章結集《回憶的味道》。

二十一篇文章標題已引人入勝：豉油西餐的前世今生、集體回憶的味道、鹹魚盛載着回憶的味道、本地法國菜是否多餘、老粵菜打動役所廣司、四層瘦肉三層肥、你的蜜糖我的砒霜、一圈一圈百吉圈、酸種麵包情意結、會走路的橄欖樹、被誤導了的山葵、一夜干是否一夜乾、茶漬飯溫暖寂寞的心靈、手撕枕頭包、鴛鴦的溝飲文化、每個人都在找自己的深夜食堂……還有瀰漫綿綿思憶母親情懷，讀來眼泛霧氣露水的結語：那麼遠，這麼近，美味暖我心。

以二十一篇至貼地的文字、平實的告白，引領分享者進入一片衣、食、住、行的舊時世界，並非甚麼星級名師、名牌、名店、名菜；感人至深全繫深情、心聲。讀來心底泛起與生活，尤其與飲食相連，高低起伏的波濤。哪裡吃到？共誰吃過？吃過甚麼已茫然，那刻情緒的記憶卻不離不棄、鐵證如山。

好文章便應如此，讀來心情起伏跌宕，腦袋忽爾跳躍，飛奔落筆回應將古井變火山，微波轉熔岩；司徒二十一篇中任何一篇或多或少都奉送上述能量。平實的文字，簡潔的構思，讀來趣味盎然，引發相關思維枝葉發展。

〈鴛鴦的溝飲文化〉首先打動筆者心繫的「混血食制」趣味，經歷過去五百年大海航行、殖民洗禮、移民遍植；除卻偏遠地域，中國沿海地區尤甚，生活習慣、方言俚語、飲食習慣漸次與舊世界出現明顯的距離。不過數十年，八十年代之前，神州大地十多億華人對香港至地道、至普通的菠蘿包、雞尾包、墨西哥包、腸仔包、西多士、奶茶、鴛鴦、華田、好立克……聞所未聞；對蛋撻、葡撻、椰撻、鮮奶撻、雞批全皆空白。

那些年的港人幸運，伴隨以上各式小食卻是地老天荒港式雲吞麵（蝦多肉少）、牛腩麵、街邊牛雜炸大腸、煲仔飯、叉燒包、蝦腸、牛腸、叉腸、炸兩、艇仔粥、及第粥、明火白粥、打冷魚飯、珠江橋牌罐頭豆豉鯪魚、大白兔奶糖、沿街叫賣的豆腐花及叮叮糖……

〈鴛鴦的溝飲文化〉激起重疊的香港混血食制思緒，超越司徒味道回憶的原意：回憶是藥引，嘗試填補我們習慣性手到擒來餘下的黑洞，成為更寬更廣的無窮樂趣。

論混血，澳門雖然比香港小，殖民歷史更長遠，早至明朝。澳葡混血兒的混血文化早已確立獨特名稱 Macanese；受制於地域窄小，雖有澳葡食制，究其內容雖未至乏善足陳，選擇亦有限，主要為進口葡萄牙食制，或澳葡人屋企飯餸，缺乏進一步在混血飲食上的發展。

有幸於八十年代中期被澳門廠商賞識，筆者受資助製作生平首個時裝系列，往返港澳達三個月，藉此對澳門的方方面面有了一些紮實的認識。過去習慣英國下午茶（奶茶或咖啡），伴隨以 Danish Pastry 或司空（Scone）小包。回港後，晏晝三點三下午茶餐雖非琳瑯滿目，不乏選擇，起碼比英式下午茶內容豐富。在澳門數月，每到下午茶時間心情必然忐忑，茶餐廳或 Cafe 不普遍，工廠區內尋一杯正經咖啡或奶茶並不容易，遑論馳譽世界的葡撻？澳門葡撻的盛行遲至九十年代初，發祥於路環島「安德魯」餅店，比諸從葡撻發酵爾後為香港揚名立萬的港式蛋撻晚了好幾十年。

香港六十年代不少人的童年，在以毫半子（一角五仙）購買兩個菠蘿包、雞尾包、豬仔包或墨西哥包的早餐中度過。（當然不缺廣東叉燒包、臘腸包、雞頭大包、上海小籠包、牛肉包、鍋貼、菜肉包……）但現代人叫麵包的這個「包」字，尤其焗的包，而非蒸的包，源自中國？還屬舶來？

麻煩了香港三聯副總編輯李安，自 Google 查到《辭源》、《辭海》為我尋找「包」這個字何時在中國出現？活用於何種食物？

最遠尋得的為宋代羊肉包子，相信與後來流行的小籠包一脈相承，卻非近代始普遍的烘焙麵包，後者是舶來之物，包括「包」這個字。

十多年前遊巴西，在里約熱內盧海岸至高點「打卡」，自建有地標性巨型十字架的耶穌山（Christ the Redeemer），遙望里約著名糖包山（Pao de Acucar），腦海即時彈出問號：「Pao」即是「包」?「包」這個字源自西洋？還是中國？

後來在西班牙、葡萄牙、中南美洲乃至前西班牙殖民地菲律賓，吃過與香港近似的一眾「麵包」，肯定源自葡萄牙古字「Pao」。尋找中國的包子典故，發覺「包」字溯源，原來形似女性專用的繡荷包。

自序

司徒衞鏞

有人問我為甚麼要寫食經？

我必須再三澄清，從沒寫食經食評，沒這資格，所寫的不過是遊戲文章，多年來在外飲飲食食的過程，認識不少朋友，從飲食中得嚐不少口福，也分享不少樂趣，我手寫我心。簡單說，只不過是饕客一名。

我曾有廿多年當廣告導演的經驗，在各地大概也拍了超過三百支廣告片，其中一半以上是和食物有關，這驅使我經常要做功課，好像在八十年代初被邀往菲律賓替 Ibérico 拍系列廣告，由於對這食材陌生，要惡補伊比利豬名腿知識之餘，亦飽嚐到 Jamón Ibérico 之美味。我拍廣告拍電影其中一項意想不到的收穫，就是在工餘時可到處遍尋美食，尤其很多時在外地工作，覓食的樂趣在於不獨打發時間，還實地進修了不少食材知識。我曾為了拍攝一個銀行廣告，要在菲律賓全國實地考察很多大型種植農場，種蘆筍的、種菠蘿的、種酪梨的……，甚至要坐私人飛機看一望無際的香蕉園，這都是很寶貴的體驗。

來自大家庭，兄弟姊妹眾多，記憶中家母與傭人喜歡每天上市場，選購最新鮮的食材，從小已習慣了每餐緊隨時令，不時不食的飲食節奏，讓我深深體會到季節的變動、流逝與更新，一放一收，感受到大自然的呼喚，那才是生命力。

基本上我是沒有童年，兒時的印象模糊，但食物的回憶卻一直猶如光影片段，很容易Flashback，仍記得每清早會吃一小煲鹹仔鹹魚飯才上學，家母常做個薯蓉番茄免治牛飯，不忘放上焦邊的荷包蛋，簡單直接，但那種美味，現今再嚐不到了。當然還有年中各大小節日慶典，都會隆而重之，動員家中各人參與做各式節日糕點及菜餚，這些當日我曾避之則吉的勞動細藝，很快成為絕響，此後幾十年，只成為家族聚會時的共同回憶話題，太多美味菜式也就此失傳。

我由七、八歲開始畫漫畫投稿，十來歲已在爬格子賺稿費開始自立，大概廿歲已棄筆出國去尋夢，萬水千山到最後竟重新拿起筆，原來已是千斤重，少年時腦袋像開了水龍頭，手來不及寫腦已轉到第N格，高峰期可日寫萬字，現在竟一日都榨不出千字，可見機器已沾滿了鏽漬。

我重新寫文不過是近年的事，源於幾年前為一個自家品牌的生活平台添些內容，拍檔想我寫些生活短文作點綴，如此不定期客串，便引起一些圈內人注意，不少人提議應改在Facebook上發表，其中最不遺餘力鞭撻我的，是老夫子王澤、邱秀堂，及馬龍、方舒眉，這幾個人每次見我都推手上身。某次王邱二人來港與我在陸羽茶室歡聚，邱秀堂終忍無可忍要替我手機裝上Facebook逼我上馬，從此展開我的小圈子之旅。在此，我還要多謝楊凡、鄧達智、張家振、泰迪羅賓、Kenny Bee、李安……等各方好友，他們都給我很大的鼓勵和支持。

我必須坦白，開始時是頗氣餒的，由於我是電腦盲，又不懂操作 Facebook，故一直只限小圈子並沒公開發表，加上我沒理會行文的長度，故之前不少人向我澆冷水，說在 Facebook 人人一句起兩句止，誰會花時間看你長篇大論？由最初三數人到有數十人看，已算不錯，所以當後來節節上升，衝破百多人、二百多，甚至過三百人點讚，我已有莫名的滿足感。更令人詫異的是讀者群中竟有不少日本人、韓國人，台灣人我尚可理解，但日韓看的究竟是圖片或是靠翻譯機，就不得而知。

在我確定結集出書後，一位前助理來訊，傳來令我很感動的一句話「我等咗呢日好耐！」，我說出書，起碼講了二十多年，天長地久，一波三折，到最後，我還是做到了！

目錄

第二章 遠方的故事 112

第三章 不只是食物 170

結語 234

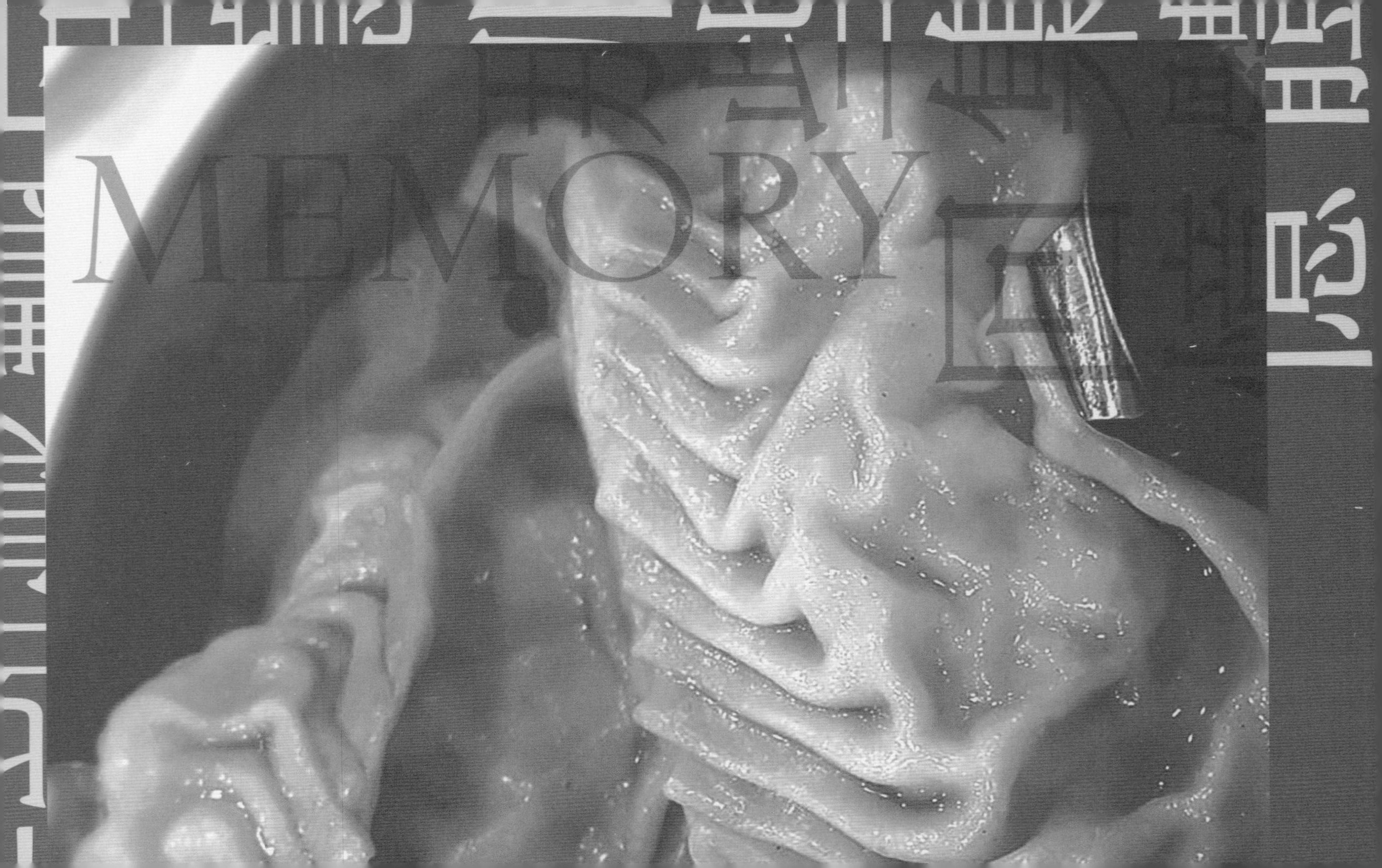
MEMORY

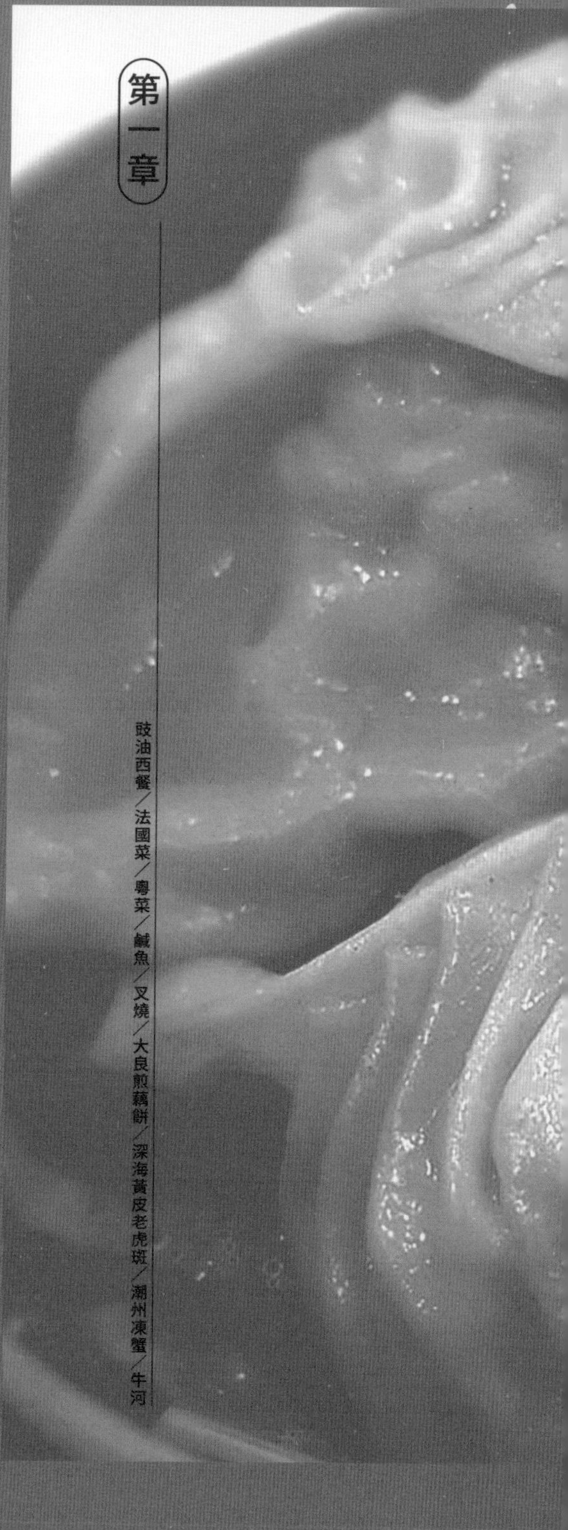

第一章

那些集體回憶

鼓油西餐／法國菜／粵菜／鹹魚／叉燒／大良煎藕餅／深海黃皮老虎斑／潮州凍蟹／牛河

最令人懷念的，是那些在不知不覺中湮沒的美味，曾幾何時，它們都陪伴我們成長。這些平凡無華的美食，令人感到無比的美味和溫馨，即使樸實的味道，也可成為舌尖上的雋永。食物確可喚醒你多少前塵往事，曾經熟悉的味道，早已深烙在味蕾上，即使去到很遠，那熟悉的氣味都會自自然然回來敲門，成為大家的集體回憶。

一

豉油西餐並不是正宗西餐，
更不是快餐或茶餐廳的特餐，
它完全屬於另類，
早年隨着香港的成長
而衍生出來，
是名副其實的本地土產。

豉油西餐的前世今生

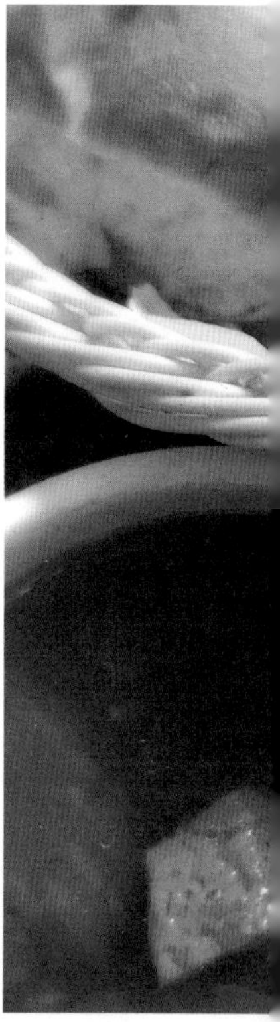

近一星期竟接連吃了多次豉油西餐，一次過用光了我的Quota，每天應約去那幾間懷舊老店，甚麼羅宋湯、牛尾湯、瑞士汁雞翼、煙鯧魚、燒乳鴿、燒豬髀、焗豬扒飯、俄國牛柳絲飯、俄國凍肉沙律，還有那個大如足球的梳乎厘等等都吃遍，可能要連跑多天才可減磅。其實近三十年我已甚少去吃豉油西餐，只偶然去太平館、皇后飯店或新寧餐廳吃下午茶回味一下，現在有太多選擇，而更重要是味道轉變了，究竟是廚藝變差，食材變差或是環境改變，我沒去深究，反正感覺不一樣。

豉油西餐並不是正宗西餐，更不是快餐或茶餐廳的特餐，它完全屬於另類，早年隨着香港的成長而衍生出來，是名副其實的本地土產。在正宗西餐未普及的年代，吃豉油西餐已算是身份象徵，有點像高級版的茶餐廳，這種文化融合的飲食方式在五、六十年代開始流行，人們吃大餐時會隆而重之，悉心打扮正襟危坐，吃時講究餐桌禮儀，已算是那個年代的Fine Dining。

昔日美國華人做中菜，來來去去都是炒雜碎炒飯炒麵，這是適應他們的口味，我們是難以入口得啖笑。以前我們所接觸的西餐何嘗不一樣，尤其廣東人初嚐西菜，根本對西餐文化沒多少認識，只急不及待去調整，以迎合自己口味，這樣不同文化習慣的碰撞，才變出個豉油西餐，外國人是不會明白的。想想日本人改變了咖喱，茶餐廳改變了意大利粉，意思都大同小異。不過，豉油西餐之成形就多了段歷史背景。在上世紀初，香港的正宗西餐只在大酒店之類的高貴場所供應，只出現在上流社會的飲食聚會中；到五十年代，西餐開始發展，迎合本地人口味的所謂西餐大致可分四大派別，廣東幫的「豉油西餐」，山東幫的「羅宋大菜」，寧波幫的「上

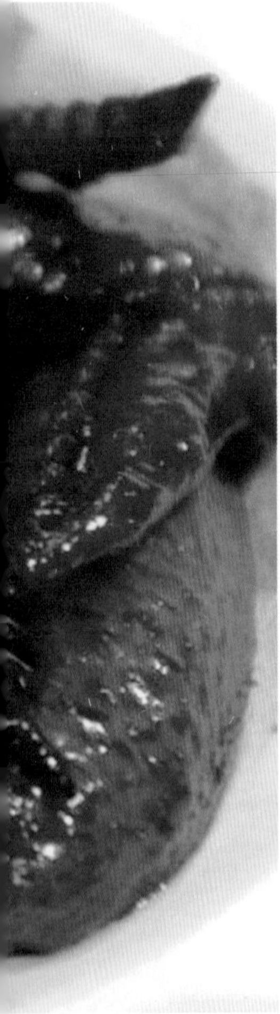

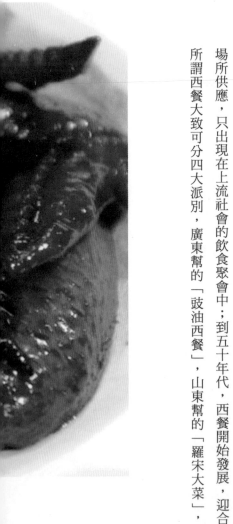

瑞士雞翼是太平館的招牌菜，也是豉油西餐的代表作，因為西餐沒有這道菜式。

海番菜」及南洋幫的「星馬咖喱菜」。現在各種本地西餐已慢慢交雜在一起，變成你中有我，我中有你，不妨統稱之為「豉油西餐」。

有百多年歷史，在清末時創於廣州的「太平館」可算是豉油西餐之始祖，不論當年在廣州沙面或遷移到殖民地維多利亞港，吸飽中西混雜的精華，才做出燒乳鴿、煙鯧魚、瑞士雞翼等佳餚。豉油西餐的焗豬扒飯更活用中西醬汁調製，成為早年的經典 Fusion 美食。既然叫豉油西餐，當然可顛覆正宗西餐，不須跟着傳統走，即使小如那道招牌甜品焗梳乎厘。梳乎厘原

早年很多山東大廚來港開餐廳，製作俄式羅宋大菜，一九五二年創業的皇后飯店是其中一間。

文是法式Soufflé，雖然有蓬鬆地脹起來之意，但太平館老實不客氣，那梳乎厘脹得像足球，足夠兩三人分享，老外都看傻了眼。在二次大戰後北菜南移，最初上海人的白俄飲食文化，源於二十年代俄國十月革命後，大批白俄為躲避紅軍，避難到當年洋化的上海租界，這些白俄除了有貴族、地主、官兵外，其中還有知識分子和商人，俄僑立足後紛紛開設俄式菜館、咖啡館、酒吧及糕餅店，在上海成為俄式飲食文化，後輾轉到香港發展，落地生根。

當日在上海法租界，除有不少俄羅斯西餐廳搬來香港，甚至有哈爾濱的俄人。而山東與俄羅斯接近，有不少山東人往俄羅斯謀生，在俄國餐廳工作，自然將俄菜傳到山東，後來又帶到香港發展成為羅宋大菜，主要是羅宋湯、鹹豬仔包、燒牛仔髀、炸魚薯條等。這幫山東大廚相繼來

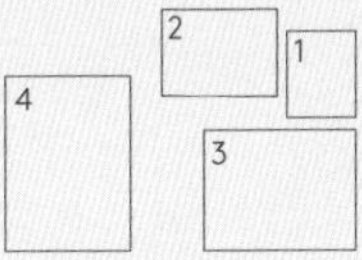

1 — 豉油西餐的蝦多士，會配上沙律醬。

2 — 豉油西餐甜品除了梳乎厘外，還有班戟。

3 — 羅宋湯已是豉油西餐之經典湯，與原來俄式或東歐式羅宋湯不同，已自成一格。

4 — 梳乎厘是「太平館」的招牌甜品，源自法國的甜品 Soufflé，但味道不一樣。

港開枝散葉，成為日後的 ABC 愛皮西大飯店、車厘哥夫、皇后、雄雞等俄式餐廳，曾雄霸了本地西餐市場，ABC 在高峰期，單一條彌敦道都開了六、七間。到八十年代後，俄式餐廳因各種原因相繼結業，從此式微。

我的西餐入門始於孩童時，大概只得幾歲，祖居附近有間 ABC 愛皮西大飯店，每次經過都對店內擺放的糖果、麵包很好奇，渴望一嚐其味，最初去吃大餐時連刀叉都未識用，記得嚐過特餐後便朝思暮想，念念不忘。到我有能力賺稿費，頭等大事就是領了稿費，立即急不及待地去雄雞飯店吃常餐；到加了稿費，我又升級走去尖沙咀的車厘哥夫豪一豪，吃豐富的大餐，那時覺得如果能天天吃全餐是多麼美好的事。車厘哥夫在一眾俄式餐廳中屬高檔，樓下賣俄式糕點、麵包，還有鳥結糖，樓上才是西餐廳，當時消費有若富貴飯堂。不管俄式西餐或豉油西餐，在那年代已算是西餐，法國菜、意大利菜仍未普及。我亦懷念舊皇后飯店的凍

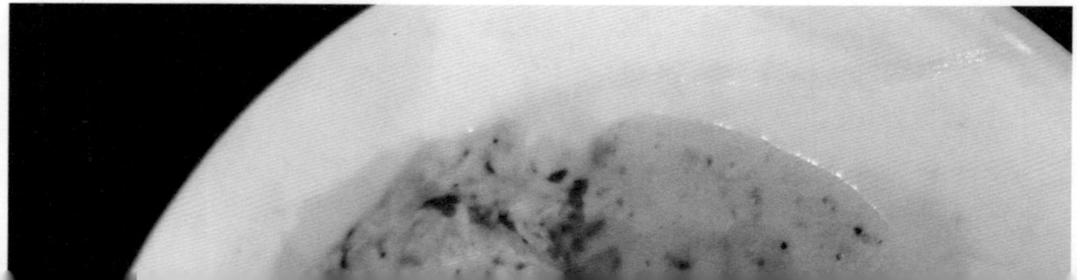

——很多豉油西餐的菜式已本地化，如雞皇飯、瑞士汁雞翼及這款忌廉汁焗龍脷意粉，都是西餐沒有的菜式。

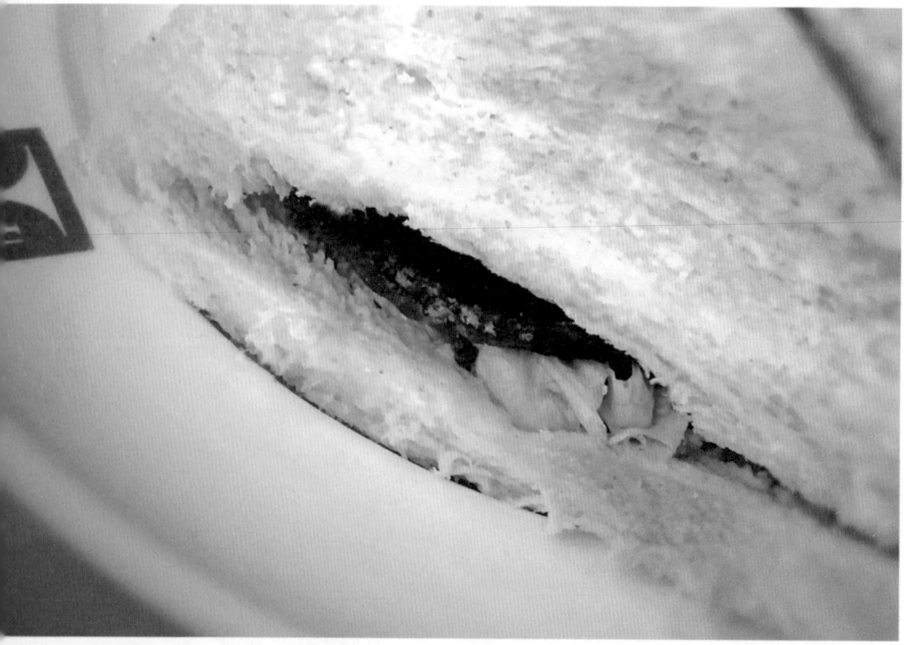

肉麵包，每年聖誕都會去訂火雞、火腿應節。

對在五十年代初嚐西餐的人來說，誰曉得分辨甚麼是羅宋大餐或豉油西餐，他們普遍一知半解，不是中餐的便是西餐，對所謂西餐都充滿着新鮮感和好奇，甚至有一點點虛榮，尤其那些首次拿起刀叉去吃大餐的人，是那麼戰戰兢兢，很怕出洋相，被嘲不懂餐桌禮儀。當年有點家當、有點教養的家庭，都急不及待地帶小孩子去吃西餐，趕緊惡補這堂「西餐飲食課」，以免失禮。及後那批情竇初開的青春少艾，如果在拍拖日子缺少這吃西餐的「指定動作」，就很難在姊妹堆中抬頭。

在太平館吃下午茶，可簡單來一客鹹牛脷三文治烘底。

當年供應這些西餐的餐館飯店裝修尚算得體，不管太平館、車厘哥夫、ABC飯店等，都一律用白色餐枱布，餐桌早放好餐具，家長每次都在餐桌上，實地教小孩，吃甚麼菜應該用甚麼餐具，桌上刀叉的排列次序，喝湯的正確方法，用完餐的擺放等。

豉油西餐較少單點，多數是供應常餐或全餐，當年在ABC或雄雞吃常餐，例牌跟是日餐湯，通常可選紅湯或白湯，白的是忌廉雞湯、粟米湯或周打魚湯；紅的多是羅宋湯，也有牛尾湯，都會配上牛油餐包，還有自烤的鹹豬肉。跟着吉列豬扒飯或牛脷飯、咖啡或茶。全餐則有冷盤，通常薯仔沙律配雜錦凍肉、羅宋湯、炸魚，牛、豬或雞的主菜、甜品和飲品，我年輕時常要吃足全餐才休止。

那些羅宋大餐有個主角，便是家傳戶曉的羅宋湯。據說羅宋是「Russian」的音譯，羅宋湯則是來自俄羅斯的雜菜湯，也有說是來自烏克蘭的濃菜湯，更有說來自東歐、中歐一帶，不過味道與香港有點差距，我在俄羅斯吃過多次羅宋湯都覺得味道較淡；而烏克蘭的就較濃烈，他們會放紅菜頭和酸奶，味道好得多，他們更說那是他們的國湯，更被印在郵票上。我們的羅宋湯味道更濃郁，已自我改良，還多一點辣味，我較喜歡本土的，可惜現在多偷工減料，材料也差勁，與從前比已失色很多了。

供應本土西餐的飯店始終不是大酒店，採用的食材有別，只可用平價肉扒代替高級肉扒，用中式豉油和鐵板高溫彌補肉味的不足，但這種扒餐較貼地，受普羅大眾歡迎，一般人也可拿着刀叉鋸扒，一嚐西餐風味。使這種亦中亦西的飲食文化，更多有一份溫暖的親切感。這種半中不西的豉油餐，在外國人眼中並不是西餐，不過在港人眼中，西不西餐不重要，豉油西餐或羅宋大餐也不重要，重要的是這是地道的香港餐。

今日的茶餐廳、快餐廳已將昔日的羅宋大餐、豉油西餐，甚至鐵板扒餐當成雜錦鍋胡亂一大炒，這反而有點不倫不類，失去原來本地西餐的特色，像你去唐人街吃炒雜碎，到頭來不過是A貨的中華料理。豉油西餐雖然非正宗西餐，但有很獨特的風味，不管太平館或昔日的車厘哥夫或ABC愛皮西，都有其歷史背景和特性，配上那種菜式才成為那種味道，當時間過去，那些後人即使再做，也再做不出原來的味道。就像我去陸羽（陸羽茶室）飲茶，不經不覺已去了三、四十年，有時我坐在老地方，看着各種變遷，不禁在想，假如有一天沒有那些茶盅，那坐到發霉的酸枝，沒有那些老點心，沒有那班老面孔，我還會來嘆茶嗎？

「豉油西餐」是經常被忽略但卻不可或缺的本地特色飲食，很多港產片經常以此為背景題材，你看王家衛的電影《花樣年華》，梁朝偉和張曼玉吃豉油西餐多津津有味，這已成為經典的畫面。豉油西餐吃的已不是味道，而成為一種象徵，是香港整代人的集體回憶。在這個五味架所盛載的，是童年時，是青春期，多少歲月的花樣年華，像有說不完的故事。對於豉油西餐，不管你喜歡不喜歡，好吃不好吃，這已經不重要。當記憶一點一滴的流失，印象一片一片地模糊時，某天你驀然回首，那再不是我們曾經熟悉的景物，不是曾經熟悉的味道，童年時的記憶竟然悄悄地消逝，我們才醒覺，原來竟是那樣的珍貴和迷人。畢竟，豉油西餐在香港的飲食文化歷史上，不經不覺已刻上重要的一章。

（二）

歲月老早將味道
深烙在我們的味蕾上，
除不掉拿不走，即使去到很遠，
那熟悉的味道
都會自自然然回來敲門，
喚醒你對家人、
對親情的無限思念……

集體回憶的味道

早前寫了一篇豉油西餐，意想不到會引起很大的迴響，勾起很多人的陳年往事，將很多陳年記憶都翻出來，我成了罪魁禍首。兒時吃西餐的雞手鴨腳經歷，情竇初開時拍拖去鋸扒，種種難忘的味道，確實成為同路人的集體回憶。我在幾歲時，每次經過祖居附近的愛皮西飯店，都禁不住駐足凝望其食物櫃，五光十色的糕點糖果，都使我癡癡地看到入神，只差口水流滿地，夢想有天最好能入內吃大餐。終於幸運之神降臨，有位「有米」兼洋化的Auntie，有天帶着這個不甚趣致的小鬼，入去一嚐所願，那一刻我覺得世上最美味的就是全餐，羅宋湯、凍肉冷盤、燒牛仔髀，好像還多嚿魚，又有甜品飲料，吃得我連發幾晚甜夢。有人說食物能喚醒人孩童時的記憶，童年初嚐到的味道，可能真的會成為一輩子的記憶。

童年時，對甚麼都充滿好奇，因為自幼饞嘴甚麼都想試想吃，以前香港還有大笪地、大牌檔、避風塘及很多街頭小食。那時常去逛大笪地、上海街、廟街，都是食街，可以由街頭吃到街尾，由於有太多的街頭小食，每次例必捧着肚子離開，實在吃得太痛快，種種街頭美食，到現在只能回味。今天你去旺角，不也是滿街擠滿人的小食店嗎？但氣氛感覺已不一樣，那種地道風味早已失去。就像去避風塘，是因為那些艇家美食和熱鬧氣氛，當地道的艇食上岸開店，我已提不起興趣光顧，就是沒有避風塘的艇家風情和味道，都逐一消失了。

有頗長一段時間，我的工作室位處銅鑼灣利園附近，因早晚在外開餐，所以對這一帶的食肆滾瓜爛熟，光一條駱克道，全部飯館名店都成了我的飯堂，見證盛衰起落。我特別懷念那些老店的招牌菜，一道一道隨着時光消失，再也吃不到那種味道，現在如偶然吃到相近的菜餚，都會勾起昔日的回憶，而通常是美味不再。

有些食物並非它要消失，而是隨着時代轉變而慢慢式微，像鹹魚已很少人吃，但我對鹹魚有特別的感情，所以仍不惜冒着健康風險，偶然品嚐。尤其每次見到老夫子王澤，大家是同道中人，都以鹹魚餐歡聚。另一樣日漸消失的是魚翅，我必須坦白，以前我頗喜吃翅，從潮州翅

肘子火瞳翅。我特喜歡厚厚的肘子，每次都要打包，隔天配上葱油撈麵。

到天九翅我都喜愛，尤其是蘇浙的火瞳雞燉翅，每次我都要打包那塊沒人敢吃的肥厚肘子皮，簡直像吃膽固醇精華。當然這只是我今日的回憶，沒吃魚翅已很多年了，上次吃翅是因有些久遠的乾翅存貨，結果找相熟的大廚替我連弄了幾餐消化掉。睹物思人，看見這翅我竟思念起故友蔡浩泉，他是詩人、畫家，也是亦舒前夫，曾有段時期因情傷而晚晚醉卧街頭，我要經常陪酒及抬他上車歸家。及後他到《星報》做副刊編輯找我寫稿，每次我到報社，他例必等我一齊過對面新同樂酒家吃魚翅撈飯，那時魚翅撈飯尚未流行，我們例牌魚翅撈飯加青菜一碟，樂此不疲，其實他主要是飲酒，魚翅大部分入了我肚，我的稿費亦如此被消化掉，我記得那時的新同樂女招待員仍穿旗袍，很有韻味。

我們每天為口奔馳，多數人在多數時候，都不過是為兩餐而已，說實話，你到底有沒有留意你的食物？或者仔細去品嚐它的味道？不錯，食物可以只是填肚，但當它與時間結合，便好像有了自己的生命，去譜出生命的樂章，每道美食，都留下歲月的痕跡，每道食物，都好像有自己的記憶。如果一種美食，再加上一個深情故事，便實在太有味道了，你記憶中最美味、最難忘的食物又是甚麼？日本有部深入民心，很受歡迎的劇集叫《深夜食堂》，改編自安倍夜郎的暢銷漫畫，講述酒香不怕巷子深，一間毫不起眼的食店，一群各有動人故事的食客和一個面冷心熱的老闆。每道菜的背後都有個動人的故事，黑道大佬和他的八爪魚香腸，三名熟女愛的茶漬飯，還有玉子燒、咖喱飯、炸肉餅、拿坡里意粉、中華拉麵等，全都是毫無特色的料理，但每個都有感人的故事。從食客身上，我們可以看到人性的善良和美好，原來很簡單平凡的一道菜，會令你感到美味和溫馨，樸實的味道，竟可以成為舌尖上的雋永。

食物單從表面看，不外乎是好吃不好吃，本身是沒有多大的意義，但如果往深層探索，再細嚼背後的意思，那便是另一回事，它盛載的，已不只是味道，加上有回憶就有回味。你對吃的東西不是每樣都有共鳴，但如果有了背後的故事，那味道就截然不同。好像羅宋大餐，如果沒有二十年代那班白俄貴族富商，為了逃避十月革命的災難，走到上海開枝散葉開餐館、小食店，

蝦籽柚皮是道傳統老粵菜，工序繁複，已愈來愈少酒樓飯店懂得做和願意做，好的蝦籽柚皮應沒苦澀味，有濃郁的蝦籽鹹香，入口即化。

帶入俄式飲食文化，就沒有那班學做俄式西菜的山東人，接着南下到香港開設西餅店、餐廳，賣俄式羅宋大餐及傳統小食鳥結糖和糕點。不論是車厘哥夫餅店、ABC愛皮西飯店、雄雞餅店或皇后餅店，都是如此變出來的，其中已有說不完的故事和數不盡的回憶。

花開兩朵，另一邊由廣州沙面自咸豐年已開業，有一百六十年歷史的太平館在香港帶起了豉油西餐，這些羅宋大餐跟豉油西餐的混合成為本地西餐文化的奇花異朵。別忘記當時還有更高人一等，作風更西化，創自一九二八年的占美廚房，已賣多元化的東西菜式，由英式菜到中式炒飯甚至印度咖喱，還率先自設酒窖收藏各國佳釀，這些都帶上一股濃濃的維多利亞式殖民地風味。到

「金錢雞」是將新鮮雞膶、瘦肉、冰肉，即經過砂糖和玫瑰露酒醃製過的肥肉，梅花間竹層層疊疊地串起來，就如一串串的金錢般，淋上叉燒汁然後慢火燒成。

了六十年代，更高級的法國菜開始浮現，標榜賣法國菜的本地薑雅谷餐廳也出現了，一般市民還未懂甚麼是法國菜、意大利菜，以雅谷的格局和野心，自然成為昔日的富貴飯堂。

當年的五星級酒店仍未算普及，來來去去不外乎半島、文華、希爾頓，還有間早期的凱悅，君悅仍未出現。我記得首次去希爾頓鷹巢，是簡而清請我吃威靈頓牛柳和聽爵士樂，當年我只是迷披頭四和滾石，夢想去舊金山體會新文化浪潮，結果後來去了但沒成為嬉皮士，倒吃了大堆垃圾快餐和漢堡包，而我也像一般遊子，想念起昔日的美食，不管是點心粥粉麵飯、豉油西餐或羅宋餐，通通成為我的鄉愁。不過對今天的新一代來說，他們將來的集體回憶，可能只是漢堡包和肯德基，或者還有那杯波霸奶茶。

所有這些本地西餐已成為我們這一代的歷史印記，由第一次拿起刀叉，第一次學懂怎樣喝西湯，第一次鋸扒，學懂餐桌上的禮儀，甚至應該用甚麼酒來匹配食物。你邊吃邊學，都是這樣學懂的，別告訴我你未試過，是大鄉里，人人都有過失態出糗的時刻，我記得當日雅谷餐廳開業不久，一位富太帶着他的富二代和我這窮小子去吃大餐，我首次拿着那支既大且笨重的磨椒器，竟不知如何去磨出胡椒，那些尷尬自然也成為了我日後的回憶。

隨着歲月流逝，很多滋味慢慢停留在回憶中，那怕你走遍萬水千山，嚐盡珍饈百味，到頭來最懷念的，還是那道家常菜。記得某年某夜，為了公事赴某大台的應酬晚宴，散席時碰到死鬼黃霑，他不耐煩地說剛才好難吃，現在要去吃碗雲吞麵補數，還問我去不去，可見豪宴不一定有知音。尤其是家常菜，那才是每個人熟悉的味道，歲月老早將味道深烙在我們的味蕾上，除不掉拿不走，即使去到很遠，那熟悉的味道都會自自然然回來敲門，喚醒你對家人、對親情的無限思念，追憶來自家鄉的味道，而美食，可能就是人最深處的鄉愁。

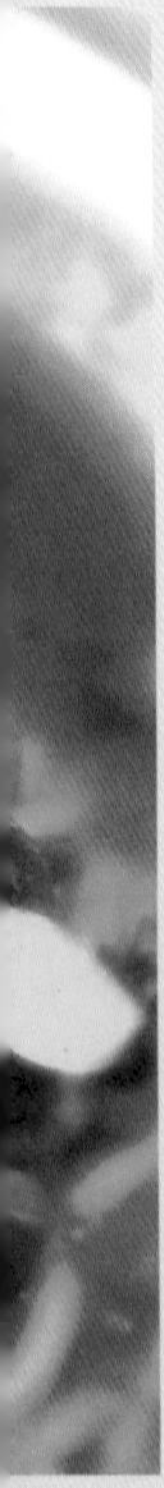

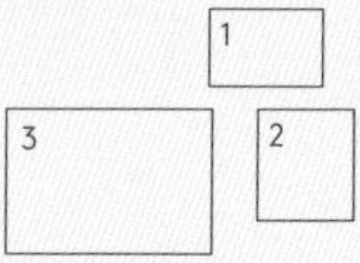

1

「火丁甜豆」味道香甜可口。小豌豆碧綠鮮嫩，故有甜豆之稱，與火腿的鹹鮮完美配合。甜豆碧綠，火丁鮮紅，不用調味已極鮮美。

2

豉油皇煎大海蝦看似簡單，但選料至關重要，海蝦自然要海捕鮮貨，要用較大隻的來做豉油皇煎蝦才適合，豉油用上等頭抽皇，味道更能提鮮。

3

昔日在鑽石山有一檔簡陋的小店，憑着一碗港式擔擔麵，成為一個品牌，其擔擔麵的麵條以人手製作。很多食客不惜遠道而來，就是為了一嚐其湯底濃郁的擔擔麵。

印象深刻的是童年回憶，
清晨上學的早餐，
家傭蘭姐常替我準備
一小煲鹹魚飯，
飯上置條小小的鰔仔鹹魚
拌以薑絲，
這種小魚實肉香甜，
煲起來一室皆香。

(Photo / Eddie So)

鹹魚盛載着回憶的味道

鹹魚古已有之，從前未有條件冷藏，最初漁民恐有糧荒，故將漁獲用鹽醃製成儲糧，後來漁獲過剩，更要醃成鹹魚以免浪費。以前鹹魚是窮人家的食物，如果餐餐以鹹魚送飯就是窮之象徵，表示沒能力吃好的菜餚，會招人白眼。想不到後來鹹魚愈賣愈貴，竟搖身一變成為富貴菜，就像紅衫魚，本來是下價魚，記得兒時家傭煎之做貓餸，每次煎魚都整屋腥味，後來紅衫魚被日本人搶貴，因在日本可以賣很貴，紅衫魚的日文名字好頂癮簡直是一絕，叫「系撚鯛」，我都不好意思大聲講，每次見到都忍不住笑到肚攣。

想起來鹹魚的出現與壽司其實有點相似，都是為了保鮮，從前沒有冰鮮，更沒有冰箱。日本自古已有很多魚類保鮮方法，很久以前已想到用鹽和醋來醃漬，可使魚肉保存更長時間。未有冰箱時，壽司師傅已懂採用「熟成」方式將魚的鮮味提升得更濃郁，經過熟成的生魚片，味道反而比新鮮捕撈的魚吃起來更鮮甜，懷石料理便常見到用如此的烹調手法。早於奈良年代初期，當時日本人用一些醋醃製過的飯糰，加上一些海產或肉類，壓成一小塊，整齊地排列在一個小木箱內，像日後的便當，可帶着作為沿途的食糧。這種箱押壽司最早出現於日本大阪，今天仍流行於關西一帶，據說是壽司的雛形。至於廣東式鹹魚的鹽醃製過程，主要是靠高濃度的鹽，把魚體內的水分逼出來，同時魚肉中的鹽分能防止細菌滋生，有利於乳酸菌生長，從而延長食物的保存期。

在四、五十年代，香港的漁業仍甚興旺，尤其西環碼頭一帶的貨運中心，很多低下階層在碼頭做苦力搬運等粗重工作，日日身水身汗消虛精力，而鹹魚當年只是窮家菜，價廉味美正好用來送飯，補充流失的鹽分和礦物質。那時西環有很多漁船在碼頭起落漁獲，也順理成章就地曬鹹魚和賣鹹魚，逐漸發展成為鹹魚港。那時去西環，隔遠已飄來陣陣鹹魚味，興盛期，家家戶戶都在天台甚至馬路旁曬鹹魚，到處可見鹹魚欄，連海外客都特意來買作手信，風頭一時無兩。到了八十年代，政府打擊天台曬場，加上漁獲減少，經濟環境轉變，大廈愈建愈高，天台的日

鹹魚大致分實肉、半實肉與霉香三種，最普遍及受歡迎的是霉香馬友，可做的菜式亦最多。

曬時間便愈短，最終令鹹魚相關行業日趨式微。

不管是鮮魚、冰鮮魚或是鹹魚，要看是否條好魚，都是看魚眼、魚鰓和魚身。魚眼要明亮，魚鰓要整潔乾淨，魚身表面要平滑有光澤，若發現有坑洞就代表可能有蟲蛀。不新鮮的鹹魚會出油，所以有人會用牙籤刺穿魚身看看是否有油。魚要夠乾身，可輕按感受其柔軟度，過腍過硬都不好。而最重要當然是用鼻聞，如魚身暗啞發黃，最好嗅嗅有沒有氣味，不新鮮的氣味會混濁帶腥，靚鹹魚應有種緩緩滲出的幽香與鹽香。

今天吃鹹魚的人少，本地鹹魚舖更少，更別說醃鹹魚的專家。多數製作早外判到泰國甚至孟加拉，都是工廠式開肚醃製，較易清理保存，有些甚至加料防蟲防腐，健康問題貴客自理。當年幾乎整條德輔道西都是賣鹹魚的，現在整個西營盤只剩下三間老字號。開業六十多年的合利號，仍保留香港已絕無僅有的手工鹹魚製作，懂做鹹魚工藝的師傅相信已不夠十位。

曬鹹魚絕對是個大學問，必須用剛捕獲的鮮魚而不是用死魚，陽

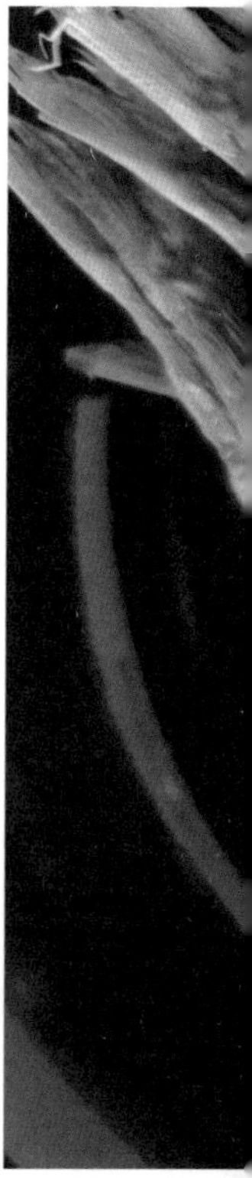

鹹魚在日本也相當普遍，但較多是各種小魚，多做成魚乾，或成為各樣送酒小吃，及以小魚乾熬成高湯作湯底提鮮。

光普照才可曬出靚鹹魚，要置在疏氣的木排上曬，定時幫鹹魚轉身，才會曬得均勻，色澤金黃乾而不柴，徐徐散發鮮活鹹香。一條靚的密肚鹹魚，魚身要乾身不漏油，漏油表示可能曬過頭影響肉質。魚肚在陽光下，可以照得通透，表示魚腸挖得夠乾淨。

密肚生插鹹魚，曾是離島大澳的著名特產，很多識貨的人不遠千里到大澳就是要買密肚鹹魚。所謂密肚就是不用開肚，又用小鐵鈎，從魚鰓伸入肚，將內臟清乾淨而不損魚肚，之後將整條鮮魚插在鹽裡，用竹筒將粗鹽塞入魚肚，魚身也抹鹽，如是者醃製數天後，取出洗淨，置於陽光下再生曬至乾身而成，最後用白紙將魚頭至魚肚紮緊，防止蟲、蒼蠅進入魚肚。這獨門密肚鈎腸技術工序繁複，累積數十年經驗，只餘數位老人懂得鈎，現已後繼無人恐怕快失傳成絕響。

鹹魚的種類非常多，基本上大魚或細魚都可用來醃製，想想吃過的鹹魚菜式也不少，霉香馬友

蒸肉餅、鹹魚燜肉片、煎鱸白、鹹魚肉餅煲仔飯、煎鹹魚藕餅、鹹魚雞粒炒飯、魚香茄子煲等等一大堆，當然還有甚麼「乾柴烈火」、「一夜情」、「生死戀」，充滿着哀怨纏綿，既浪漫又激情，這些菜式很少人吃，新生代可能連聽都未聽過。「乾柴烈火」是種角魚叫丐蘇文魚，魚頭硬而起角，市場甚少見有賣；「一夜情」原本叫「一夜埕」，以前出海漁民將魚扔進裝着鹽的埕醃過夜才食用，最初是將所有經一夜醃製的海魚都叫「一夜埕」，這本來是陽江海邊漁民一道很普通的家常菜式，後來就變成「一夜情」;「生死戀」是鹹魚蒸鮮魚，鹹香纏綿，最好味是用馬友蒸馬友，以霉香馬友之二度去蒸特別滋味鮮甜，二度即魚鰓之下約兩吋位置，是最靚最好吃的，霉香是讓魚肉輕度發酵變質使肉質鬆化，產生異香，再結合了魚鮮，那食味是多麼的複雜交錯。

想起鹹魚也有頗多名句，最出名的自然是林子祥以前那句「鹹魚白菜也好好味」，當然還有星爺名句「做人如果沒有夢想，那和鹹魚有甚麼區別」，還有那人人都想的「鹹魚翻生」。究竟鹹魚是否美味？就應從選鹹魚講起，選錯鹹魚自然食之乏味，「得個鹹字」。選鹹魚既要看也要聞，先看看魚身是否光澤明亮完整無缺，有絲絲鹹香味道，如魚身暗啞混濁，表示這條魚已可廢。

霉香馬友肉質鬆軟宜蒸肉餅，實肉鹹魚如鰽白可煎至脆口吃，都是最普及的家常小菜。

鹹魚有分霉香、實肉和半實肉，以霉香馬友最普遍，而靚的鰽白實肉，有人譽之為鹹魚Lafite可遇不可求，隨時貴過海鮮。煎鰽白可變出奇妙的味蕾衝擊，宜先放飯面蒸軟，再慢火煎至鱗片甘脆，然後加點糖，鹹與甜竟碰撞出神奇的鮮味，尤其是那焦香的鱗片，可幫你幹掉三碗飯。多年前已有人以紅酒拌鹹魚，小片煎得金黃香脆的鹹魚，外層酥脆馥香，鹹甜交集，味蕾隨着起舞，骨間纏脂髓韻味深濃。其實幾十年前，已有劉伶懂以白蘭地拌煎鰽白，自得其樂，與拌芝士異曲同工。鹹魚經歷了很多歷史文化洗禮，尤其那陣鹹魚味，如果芝士是種飲食的文化和大學問，那麼鹹魚這種特別的味道更值得珍惜保留。

印象深刻的是童年回憶，清晨上學的早餐，家傭蘭姐常替我準備一小煲鹹魚飯，飯上置條小小的鰔仔鹹魚拌以薑絲，這種小魚實肉香甜，煲起來一室皆香，如此吃了幾年，後來已絕跡再找不回那種味道，但這回憶及那特別的鹹魚飯香竟伴了我一生。友人中喜好鹹魚的已愈來愈少，個個怕不健康，誰叫你吃有防腐防蟲藥的，那當然不健康。其中我世姪小夫子王澤是我的鹹魚同道，每次來港共餐都少不了加味鹹魚，也樂於見他表演鹹魚蓉混肉餅兼開脫口騷。多年前饗之以「乾柴烈火」、「生死戀」，那次以富貴黃皮老虎斑配霉香馬友，人人吃得眉飛色舞，但我覺得效果不如想像中出色，以後應多試以其他不同的鮮魚匹配可能更有驚喜，才不負一夜情之韻味！我不知小王澤喜歡鹹魚是否因為記掛着小時候住西營盤時的鹹魚香，但我就是。我仍記得當年替老夫子畫「黐線漫畫」時，經常要去老王澤位於西營盤的老家交稿，閉上眼循着味道已知到了西營盤，忘不了那股鹹魚香，經常順道會去繞一轉，那股味道盛載着太多美好的日子。

今天，你問時下的年輕人，相信沒多少真吃過鹹魚，知道也沒興趣吃，連老人家都因種種健康問題，可能已記不起上一回是何時吃過。一條鹹魚到底包藏着多少文化，經歷了多少歷史，除了鹹味還有滄桑味，竟還盛載了很多年代的回憶。

後記

周星馳的名句：「做人如果沒有夢想，那和鹹魚有甚麼區別？」理想與鹹魚竟可以扯上關係。林子祥則將鹹魚與愛情捆縛，口口聲聲說：「鹹魚白菜也好好味！」而我終於恍然大悟，原來情之為物竟然是一部鹹魚的「浪漫三部曲」，由浪漫不由自主的「一夜情」，到激情失控的「乾柴烈火」，到最後大結局，執子之手「生死戀」終修成正果！

法國餐遠比其他地方菜姿整講究，
排場多又挑剔，
聽說雅谷餐廳的老闆就是因朋友
說中國人搞不到法國餐廳，
為爭口氣而獨力投下巨資開
雅谷餐廳。

(Photo / Eric Yeung)

本地法國菜是否多餘？

受新冠肺炎疫情影響，本地米芝蓮法國餐廳 Rech by Alain Ducasse 宣布結業，又少一間法國菜名店。想起香港的法國菜得以普及化，其實要多得兩個人，一位是雅谷餐廳老闆楊永忠先生，他家族是米商，自然也很「有米」，難得他花一點「米」（錢）便造就了這餐廳的傳奇。在米芝蓮三星大廚如艾倫・杜卡斯（Alain Ducasse）、喬爾・侯布雄（Joël Robuchon）等仍未「大舉入侵」前，早於六十年代，雅谷已率先開始經營本地法國菜 Fine Dining，當時要吃高檔法國菜只有到半島酒店的 Gaddi's 和凱悅酒店的 Hugo's。雅谷餐廳（Amigo）的出現，改寫了法國菜的面貌，有時我都奇怪，他除了有法國味還加料送了些意大利味及西班牙味。雅谷始終是披着法國外衣，但流着本地血的西餐館，有時感覺像是太平館的富貴版，味道不錯不花巧，是頗傳統

中環蘇豪區的法國餐廳老富昌（Le Fauchon），因前港督彭定康經常光顧而一舉成名。

的法國菜，反正我們不是吃三星級主廚的名氣，而是欣賞那種獨特的歐式花樣年華，更有意思是每逢節日或有紀念性的日子，去雅谷餐廳豪一晚，令當日更具特別的意義。

另一位要多得肥仔周，他在九十年代由法國來港，在中環蘇豪的史丹頓街開設法國餐廳老富昌（Le Fauchon），食材親力親為，自法國空運進口，得到食家青睞，經傳媒廣泛報導後，尤其得前港督肥彭（彭定康）經常幫襯，成為最佳名人效應，很快便上位成

肥仔周在九十年代開設法國餐廳老富昌，對食材親力親為。

為名店。為食肥彭無心插柳，但無意中造就了起碼兩間本地店，一是吃蛋撻的泰昌，另一間就是老富昌。

以前吃法國菜主要是到各大高級酒店的餐廳，都屬於 Fine Dining，吃法國菜必定開酒，很多時候酒貴過菜。肥仔周是法國華僑，九十年代來港前，在巴黎開雜貨店經營食品生意，專門供應食材給餐館，故此對食材知識豐富。他在香港開的餐廳是小酒館（Bistro），屬「街坊小菜」但價錢並不街坊，喜歡吃法國菜的老饕，無不認識肥仔周，他所創辦和經營的老富昌，Bravo Latata 及 Olala，當年甚受食家歡迎，城中名人不少捧場到今天仍津津樂道。

我很早就認識肥仔周，因有些巴黎幫朋友跟他相熟，有段時間常到他的小館開大食會，有時十多人，他只

收象徵價，還送酒送美食簡直大出血。記得有次他還豪爽地借出老富昌的場地給我拍廣告，使我額外留神。成名後，他還開了多間店，其中一間在我工作室樓下鋪，經常日見夜見。那間店裝修期超長，他找了個畫家畫牆畫，一畫便畫了多個月，像不焦急開業，某天他告訴我，他在西貢山頭找到個地方養走地雞，雞可以遍山走，我還以為他在養布雷斯雞。他這人頗有性格，他說將來開業不想太旺場，寧願慢慢做，「吓，咁都得！」結果做不了多久便與金主鬧翻分道揚鑣。其實肥仔周在經營法國菜的幾年間已買下多個物業，他早可退休上岸，日日吃法國菜。沒見他很久，但側聞他多年前曾中風，希望他吉人天相。

雅谷餐廳的招牌甜點拿破崙蛋糕，酥皮鬆脆，很多人特來訂購，遠近馳名成為城中佳話。

法國餐遠比其他地方菜姿整講究，排場多又挑剔，聽說雅谷餐廳的老闆就是因朋友說中國人搞不到法國餐廳，為爭口氣而獨力投下巨資開雅谷餐廳，賣的是法國餐，卻很奇怪地取了個西班牙名字，Amigo 是西班牙語，老友記的意思，也許是緣分，確有種如老朋友的感覺。我半生人都住在跑馬地，山上山下搬上搬落都在這區出沒，雅谷可能已被視為這區的一座地標，所以有種莫名的親切感。對雅谷的印象，除了那塊招牌的拿破崙餅，酥皮輕又脆，比傳統法式拿破崙餅更符合港人口味。那片玫瑰花牛油，還有送給女士的那支紅玫瑰，加上侍應們的白手套、燕尾服，古早的歐陸情懷，我沒見本地餐廳有另一間有如此的派頭風華。

曾有幾年我因健康出問題要靜養，就住在雅谷旁邊一間舊公寓，我由屋頭走到屋尾，都可看到餐廳內人們的一舉一動，在窗前近距離可見到那些名人出出入入，不但見到梁朝偉、劉嘉玲，有時更見到狗仔隊在恭候，如果我有閒情逸致則可以看到不少景象。還有雅谷在泥紅瓦頂上的杜鵑花，每年盛放時，會越界攀沿到我的窗前，這風景可據為己有。每當春風拂過，花兒隨風搖曳，葉茂花繁綺麗多姿，清早我最喜歡坐在窗前嘆咖啡，鳥語花香撲鼻而來，跟前的杜鵑花，好像特別為我而開，多年來就在這映山紅的花開花落中度過。當然還有那偶爾替我開車門的阿喱，他跟我大廈的看更（保安）是同鄉，常過來「打牙骹」，如碰巧我坐車歸家，他會熱

(Photo / Eric Yeung)

1
雅谷餐廳的餐牌不惜工本，既大本又夠厚，封面鑲上金屬名牌，以份量重聞名。

2
雅谷餐廳內的花磚都是從南歐訂製，老闆指定只可以用清水清潔，所以至今仍光潔如新。

3
雅谷餐廳屬自置物業，數十年來在本地法國菜中獨領風騷，無數中外名人都是其座上客。

(Photo / Eric Yeung)

情地替我開門打招呼。

雅谷現址位於跑馬地，是楊老闆在一九七五年買的個人物業，悉心設計成歐陸式的風情，裝修了差不多一年，當年算大手筆豪華裝修，全間餐廳採用西班牙式設計，花磚在歐洲訂製，雕花餐椅在菲律賓做，酒吧西班牙式，還有意大利的雕像，瑞士勞力士古董鐘，用的餐牌很重手，擺枱的餐具都是名牌很有份量和重量，如用英國 Wedgwood 骨瓷，法國 Christofle 銀器餐具，簡單如一個調味瓶，也用上價值三千元的 Christofle，這麼多年來，不知已被偷了多少餐具。店內還放了很多古董，牆上掛着一些名畫，如蘇格蘭水彩畫大師 William Russell Flint 的作品。像雅谷這種下重本的古典設計，在今時今日的年輕人眼中可能有點過時，但在楊老闆心目中，它永遠是最漂亮最典雅的。「今日流行的設計，其實很不耐看，幾年後就會悶，但 Amigo 就不同，即使過了三十年，你仍然會覺得有很多很精緻的細節，我希望客人即使吃足三十年，也不會覺得悶。」你看侍應全部穿「踢死兔」（Tuxedo）禮服，小樂團繞場唱歌，這樣的排場氣派一直如此，半世紀來沒大轉變。雅谷還自設有恆溫酒庫存放了兩千多支餐酒，其中不乏佳釀如 Petrus，甚至一九八二年的 Lafite。本地餐廳有空間附設酒窖的為數極少，相信全港有史以來，找不到另一間有類似級數的法國餐廳。

雅谷餐廳在一九六七年開業，最初開在銅鑼灣波斯富街近海傍，當時叫 Cafe d' Amigo，應該算是首間本地人開的法國餐廳，那年代吃法國菜講究氣派，都是去 Hugo's 或 Gaddi's，雅谷夠膽做法國菜可算是創舉。我與雅谷算有點緣分，首次見識法國菜便是去那處，全因當時一位與我稱兄道弟的富二代，他住溫哥華，每次回港便要我入住他在山頂的老家大宅，與他終日遊手好閒飲飲食食，而他的富貴阿媽更招呼我們到開業不久的雅谷用餐。在此我要自爆一件瘀事，大鄉里的我乳臭未乾學人 Fine Dining，首次見到大大枝的木胡椒研磨器竟不懂操作，原來是要現磨而不是倒出來，不過那是六十年代，能吃到法國菜已足令我眼界大開。

每次到雅谷都會見到有大大小小的慶祝活動，所以那幾位樂師大概最厲害是唱生日歌，每年在這裡的慶生祝壽、紀念這樣那樣的不知凡幾，這裡還是個求婚勝地，據聞開幕至今已有約兩千次的求婚紀錄，差不多百發百中，只有一單求婚不成雙方反面，要各自買單走人。至於是否幽會勝地，那就不得而知，不過此處很易遇上熟人，反而容易通天，聰明的你最好另覓幽秘。今天再看雅谷已不是普通一間餐館，非但不是多餘，而且還是個傳奇，是另一個昔日香港的故事，一位有心有力的富豪，肯窮一生花盡心思，全情投入去做好一件事，做餐館竟然像位匠人，今天，你還能找到嗎？

役所廣司對老粵菜留下深刻印象，
而我也算功德圓滿，
下次有機會，
要他再試蝦籽柚皮，
甚至霉香馬友蒸肉餅，
再給他驚喜。

老粵菜打動役所廣司

曾有段頗長時間，我一天到晚要在外開餐，最討厭的是那些應酬式的飯局，通常大堆人我會避之則吉，多過六個人的飯局我已如坐針氈，尤其有陌生人同枱，就更拘謹難以吃得開懷，「政治飯」好多時候都會去那些所謂新派飯堂，即使是山珍海錯，但偏偏會食之乏味，那類豪華場面「非我杯茶」，如以吃論吃，我寧願三五知己敘舊談心，吃頓美味的家常菜更愜意。

某天，老友大監製張家振從遠方來電，告訴我會來香港數天出席國際電影節，因要頒項「卓越亞洲電影人大獎」給一位日本演員，他就是役所廣司。張家振問我能否幫他找個地方宴請役所廣司夫婦，是餐便飯，不過想在灣仔區因較接近他們下榻的酒店。我以為「任務」很簡單便一

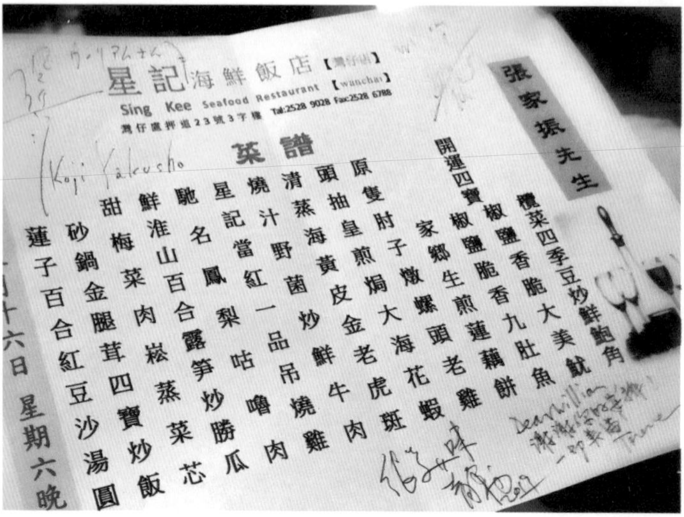

——當晚的餐單以類近家常菜的老粵菜為主，以食味先行，結果甚受歡迎。

口答應，只是隨便找間富貴飯堂，像福臨門、家全七福、新榮記或君悅之類，打兩個電話訂間貴賓房便了事，後來發覺竟過不了自己那關。這不是土豪式應酬飯局，我應送佛送到西，找個靠譜的地方才不負所託。

說老實話，我們從小一天到晚在外打拚開餐，無數的飲宴飯局，甚麼鮑參翅肚也不外如是，早已沒啥新鮮感，正所謂有甚麼像樣的沒見過，倒不如實實在在，找些好味道的老菜式好過，但如果沒有老闆及大廚親自下場監督，我又放心不下。我算老幾，不會去富貴飯堂自討沒趣，反而要找個可以溝通，又用心用力去做好餐飯的才合我意思。其中有間菜館叫星記，近年我常去，看着老闆由星仔變星哥再到星爺，那天我找到他及大廚輝哥，道明來意，一齊商量好菜單就此決定。我不須菜式好看，因不是吃法國菜，不是看而是吃；也不須要多大排場，對我來說那不過是裝模作樣；但必須好味道，要好吃，只要求全部真材實料用足一級靚貨，我知道他們的海鮮與福記來自同一間供應商，絕不會將養魚當海魚賣，輝哥更會親自下廚炮製，讓他們吃到拍心口我便安心。

這間小菜館沒有悠久的歷史，只開了短短幾年已得到不少掌聲，老闆以前在生記時我已認識，這店的拿手好菜反而是些舊式家常菜，食材保證新鮮無添加夠鑊氣，如椒鹽鮮魷是真的用新鮮大尾魷，要香脆漿薄才不會掩蓋其新鮮滋味，椒鹽九肚魚一定要選新鮮大條的去骨做，雪貨肉質易爛起潺，完全不是味道。

順德菜出名大良煎藕餅，是很有特色風味的家常菜，可用不同配料去釀藕，各處鄉村各處例，各家各戶可各施各法，配料亦可以隨着季節而變化，常見的煎藕餅配料有鯪魚滑、豬肉、臘肉、臘腸、蝦米、蝦乾、芋頭、冬菇等。星記的生煎藕餅用生刨藕絲，加入梅頭肉、豬頭肉、五花腩肉和鯪魚肉混合釀成，「食落彈口」。

生炒骨很多地方都有，但不是太甜，就是過肥或只得骨頭一塊，很少能做出神髓，以前我認識一間小店做士多啤梨骨曾做出名氣，但可惜其後無以為繼。星記其中之一的招牌菜鳳梨生炒骨，炸得外酥脆內軟嫩，裹着一層酸甜醬汁，少一絲油膩多幾分果香，大廚說秘訣是要懂得收汁，才能包住肉味兼夾起時有掛汁，如汁太多反而不夠香，菜式看似簡單但要做出味道就一點也不容易。

我有位俄羅斯好友每年來港都指定要去鯉魚門，因他少見活海鮮，每次到鯉魚門逛那些海鮮檔便很雀躍，主觀上便覺得好吃。其實我極不喜歡去鯉魚門，餐廳既不衛生廚藝也欠奉，談不上服務態度，更不要說「斬客」不留手。眼見俄友做了十多年「老襯」，近年我終於說服他改來星記吃海鮮，保證水準高許多，鯉魚門吃到的都可照樣找到更有過之，不管是蒜蓉粉絲蒸蟶子皇，或長達三十厘米超大隻的椒鹽泰國大蝦蛄都能替我找到，他試過後心服口服自此絕跡鯉魚門。

深海黃皮老虎斑可遇不可求，屬斑中佳品，比平庸的東星斑更有魚味，東星斑有太多假貨，不良漁商常以養殖斑、平價泰星斑或西星斑充當東星斑。

此次我叫星哥找兩條深海黃皮老虎斑，算是斑中極品，比東星斑好，海斑與養斑的價錢相差至少六、七倍。以黃皮老虎海斑為例，魚肉滑溜清甜，表皮顏色亮麗有光澤，如在魚排養殖的黃皮老虎斑，色澤明顯灰暗，一看便知龍與虎，食味有若天地之別。果如所料，那晚他們大夥人都吃得稱心滿意，紛紛向我致謝，役所廣司對老粵菜留下深刻印象，而我也算功德圓滿，下次有機會，要他再試蝦籽柚皮，甚至霉香馬友蒸肉餅，再給他驚喜。

日本有很多傳統的藝人工作態度非常

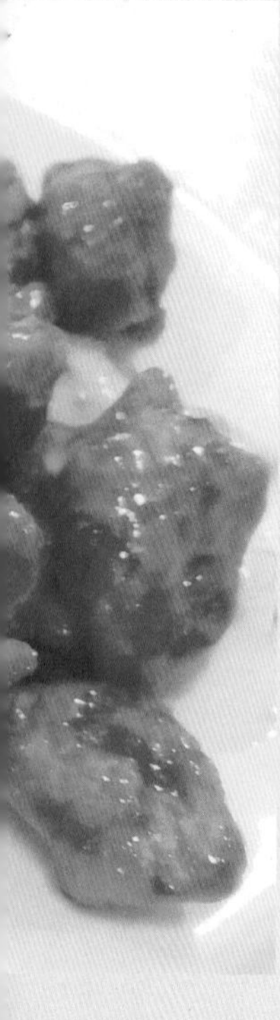

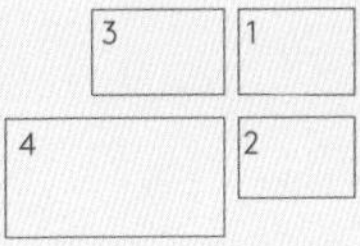

1 用鮮淮山、鮮百合，露筍炒勝瓜算是素菜。

2 椒鹽大尾魷及椒鹽九肚魚都是用活鮮貨，食味自然大不同。

3 豉油皇煎焗大海蝦採用活鮮貨，自然鮮甜。

4 原本是鳳梨生炒骨，但當日為遷就各人口味改為咕嚕肉，食味大同小異，只是一種帶骨，另一種少肥多肉。

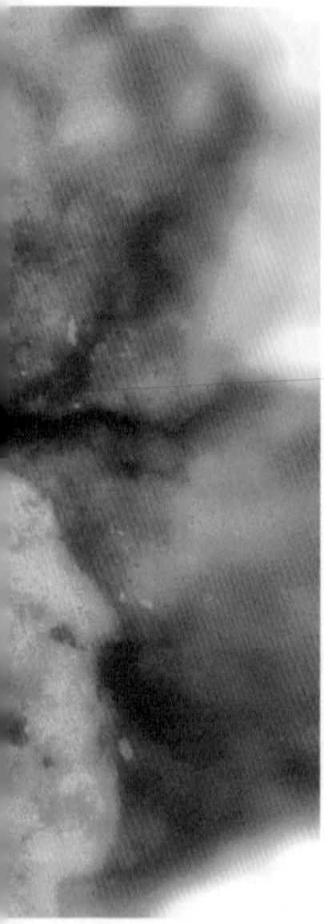

認真，有套規矩默默遵守，如高倉健拍張藝謀的電影時便令所有人吃驚，他拍戲時幾乎全程站着，不會坐着等開拍，嚇得導演也將椅子拆掉。他沒戲份時都不願離開現場，寧願遠遠站着觀看，對所有人不論職位高低都彬彬有禮。他像位帶點古典氣質的謙謙君子，敦厚禮讓。張藝謀形容，這是老派的做法，他感念所有人為他做的一切，即使這不過是別人的工作，他不喜歡麻煩別人，也不喜歡被特殊看待。

當我見到役所廣司，也給我這種感覺，他也是如此禮貌周到，在日本有崇高地位，人卻很隨和沒架子。他應該是一九七九年入行拍村野鐵太郎執導的《遠野物語》，當時他只演個小角色，到一九八五年拍伊丹十三執導的《蒲公英》已獨當一面當主角。到拍《談談情跳跳舞》及《失樂園》等電影，已成功演活了中年男人心事濃的角色，可能已成為女觀眾「紅杏出牆」的首選。他很多電影我都看過，很多角色都感動了我，像《我的母親手記》，每次見到他背起母親（樹木希林飾）的畫面，便禁不住熱了眼。

生煎藕餅以幾種不同的肉合成，吃起來香口彈牙，是很有特色的家常菜。

他從影四十年已拍過無數佳作，包括幾部荷里活電影如《藝伎回憶錄》和《巴別塔》等，早被視為實力派的男演員。他得獎無數，做過多次影帝，不像木村拓哉或福山雅治，他們是偶像而役所廣司是演員。這就有點像發哥（周潤發）與城城（郭富城）的分別，偶像即使做了影帝也褪不下偶像那層外衣，而役所廣司在日本，就有點像我們的周潤發，始終是個演員。

後記

在第十三屆亞洲電影大獎，日本電影學院獎影帝役所廣司，再度以《孤狼之血》榮獲亞洲電影大獎最佳男主角及「卓越亞洲電影人」兩個大獎。

六

在香港，很多人離港後，
心中自然會浮起雲吞麵、
魚蛋粉和叉燒飯，
尤其是那口半肥瘦，
「火雞位」焦邊的肥肉叉燒，
想起已經令人銷魂。

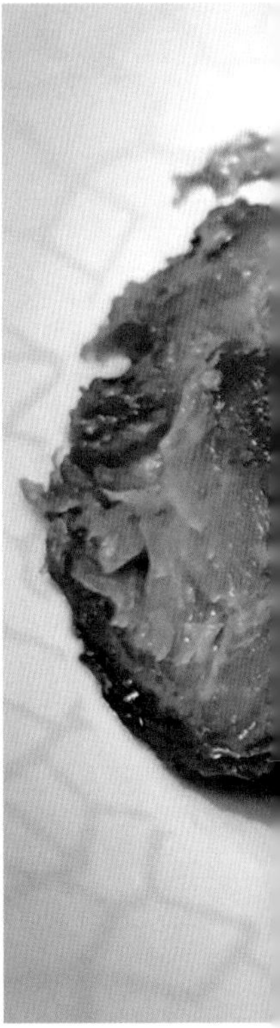

四層瘦肉三層肥

阿仔難管教，媽媽氣上心頭，自然衝口而出罵了句：「早知生嚿叉燒好過生你，起碼有得食。」

某日我看到篇花邊報導，某次在地鐵，媽媽如是教仔，豈料反斗星對媽媽說：「媽，因為你不喜歡吃叉燒，所以才生了我。」

可見叉燒的確在廣東生根，已成為某種象徵，也是日常美食的心靈食譜，有牢不可破的地位。就像日本離鄉別井的游子，在外地日子一長便會思鄉，尤其是對那碗麵豉湯，簡直朝思暮想。而在香港，很多人離港後，心中自然會浮起雲吞麵、魚蛋粉和叉燒飯，尤其是那口半肥瘦，「火雞位」焦邊的肥肉叉燒，想起已經令人銷魂。

記得兒時，社會經濟尚未起步，生活仍是艱難，叉燒算是上價菜，不是隨便吃到，要到過時過節，或有特別日子才會加料，還記得那個很傳統的燒臘店雞皮紙袋，幾乎所有燒臘店都會使用這啡色紙袋去包着燒味。小孩子一見家長拿着這紙袋便很雀躍，因知道今晚又有燒味加料了，而當中要數叉燒最受歡迎。

叉燒的歷史由來久遠，據史籍記載，早在三千多年前的殷商時代，宮廷御膳已有各式的燒烤肉類，那應該就是叉燒的始祖。而叉燒雛形應源自廣東一帶，最早叫「插燒」，後慢慢變成叉燒，深入民間幾十年，一般勞動階層都喜歡叉燒飯或夾雜其他燒味雙拼頂肚，外賣飯盒大概也以此最受歡迎。別小看一塊貌似簡單的叉燒，其中包含着不知多少的獨門秘方和燒烤工夫。

當你經過燒臘店，只要瞄一眼掛着的叉燒，便大概知道是否合味道。首先入眼的是色澤，如果太紅太鮮艷便要小心，這一般都是放了添加劑，重手調色去加強效果，通常低檔的燒味店都以此來吸引街坊，有點要求的燒味師傅都會避之則吉。他們會用天然方法去使叉燒有個好賣相，如用紅麴米水、紅蘿蔔水等去醃浸，加上燒烤技巧，使燒出來的叉燒色澤自然順眼得多。有時在外見到切開的叉燒，紅到肉身，假到離奇，見到已沒食慾了。

不管傳統的叉燒包，或時下流行的酥皮焗叉燒包，都宜小不宜大，叉燒要切得薄且細，俗稱指甲片，才醃得入味。

肉的醃製很講工夫，通常離不開豉汁、蜜汁，要看豬的品種，如肥脂多的，則在醃製時糖分要稍重，以中和膩度。鬆肉粉也可免則免，即使加一點兒已可令肉味流失，所以有師傅改用水果來醃肉，利用果酸使肉質軟化。早期的醃料多注重豉油味，這是較傳統的做法，但亦較複雜，現今多用蜜汁，方便入口，但感覺像燒烤，不如用豉汁的精緻入味。而用玫瑰露會使肉更有香味，但必須是好的玫瑰露，這是秘訣，因好的玫瑰露，酒香芬芳，絕非那些香精玫瑰露可比。用好玫瑰露醃過的肉，香氣內斂，脂香與酒香混成一體，再加上好的蜂蜜，使甜味更柔順，如自己醃製，不妨試試用永利威玫瑰露便知味道有何大不同了。

很多人喜歡吃叉燒，但何謂一份完美的叉燒？有大師傅說，完美叉燒是切肉時，要瘦包着肥，要均勻，一咬上去油分滲出，在口腔內完美地爆發，味蕾便達至完美享受！所以選肉是首要，所謂四層瘦肉三層肥，肥瘦相間，有點像吃和牛的霜降效果，入口脂香肉香，混成一體。

從前在新界元朗流行的大花白豬，肥到肚腩拖地，用這種肥豬做叉燒，肥瘦相間，確是四層瘦肉三層肥，燒出來肉味濃厚，肥美有脂香，所以從前稱之為「拖地叉燒」。現在的叉燒多用雜交豬，都打了過多的疫苗，飼料亦有問題，所以吃上去都沒有肉味，還擔心吃到黑心豬，難怪各方大廚都尋求好味豬去做好叉燒了。

除了用好的肉好的醃料外，燒烤工夫更是深不可測。我見某位大師傅說，他的叉燒天下第一，活像江湖武林高手較量，很有趣。他說用豬梅頭肉，他有獨步秘方，醃法不可告人，燒功也獨步，要先用猛火扯鬆肉身，再用文火焗，但究竟要燒多久，只說一般師傅燒四十五分鐘，而他要燒一小時，多數師傅怕燒焦故未夠鬆身已收火，而他的工夫便是掌控時間特別到家，燒多十

——叉燒可做成各種包點，其中部分已很難吃到，如外層像核桃酥的叉燒甘露批。

多分鐘已經令叉燒剛焦而不燶，這便是工夫了。

炭燒的確比一般用氣體的太空爐優勝，因炭的火力夠，燒出來的叉燒外皮香脆可口，肉質格外鬆化，連色調光澤都很明亮。如果用柴火燒，當然不能用普通的木柴燒，用荔枝木燒出來的才會有果香，這種風味都是太空爐欠奉的。一般常理，做叉燒當然宜用新鮮肉，這樣燒得較有鮮味，應比雪藏肉好，但偏偏有些廚師說，用冰鮮豬肉更好，因冰鮮肉的水分會滲入肉的纖維中，結冰時間長，解凍時放鬆，肉質就會變得軟和，燒起來就更加好吃，這種理論頗有趣，你說是天下無敵都可以，但吃過便知龍與鳳，「多講無謂」。

講起「天下第一叉」，不得不提西苑那名聞的「大

——菠蘿叉燒包亦是香港其中一種叉燒包點。也宜形狀小巧，咬一口要包藏餡汁，方為合格的叉燒包。

哥叉燒」，我到西苑飲茶，經常點心未吃就先來一碟「大哥叉燒」，這叉燒因當年是成龍至愛而以之命名，西苑更將之註冊引為己用。說起這叉燒之成名，怎能不提叉燒文（郭錦文），這位做燒臘而名震燒臘界之大佬早已憑着做靚叉燒而出名，我最早知叉燒文是在八十年代，那時因做廣告而與已故的朱家鼎結緣成好朋友，朱家鼎當時仍未與鍾楚紅結婚，當年他的靈智廣告公司名震廣告界，後被外國收購成為圈中神話。黃創山旗下的運動品牌PUMA和天天漁港都做過他的生意，而早年我也有幸參與這些廣告的製作，有次朱家鼎找我替他拍天天漁港的動畫廣告片，於是經常在天天漁港開飯，繼而認識了叉燒文，他被羅致成立燒臘部門，這漁港明賣海鮮反而紅了個叉燒，的確是意料之外。後來叉燒文過檔去了西苑，做出了爆紅的「大哥叉燒」，成為叉燒界美話。當然做靚叉燒又豈止西苑，隨口一堆都很出色，如福滿樓、福臨門、新同樂、嘉麟樓甚至馬會的出品都不錯，而這些都是賣傳統叉燒。

今天，叉燒已愈來愈偏離傳統，主要是由傳統的豬肉變成世界各地的外來豬，百花齊放，如英國巴庫豬、美國黑豬、日本鹿兒島茶美豬、西班牙伊比利亞豬甚至匈牙利曼加利察豬等，價錢也愈來愈貴，愈來愈像個土豪。友人招呼我到中環渣打銀行大廈的卅二公館一嚐其兩百九十五元一客的黑毛豬叉燒，說每天只賣十八份。但當時被稱為城中最貴叉燒的是四季酒店的三星名店龍景軒，幾年前吃已賣兩百四十元一份，而且只有六塊，即四十元一塊，我則覺得太甜。

城中的叉燒要鬥豪鬥貴似乎沒完沒了，位於九龍環球貿易廣場一百零二層麗思卡爾頓酒店的天龍軒，也賣三百二十元一份八塊的叉燒，也說是用西班牙黑毛豬的豬肩肉燒製，一頭豬只有兩塊豬肩肉，只夠做兩客叉燒，我也不好意思說貴了。不過貴中未算貴，近日另一間在中環的大官廳引進匈牙利的國寶豬曼加利察豬，是全天然牧養，只吃粟米大豆，養至六成肥四成瘦，油花像和牛，這叉燒賣三百二十八元一份切開十二小塊，暫時可能是全城最貴的叉燒。清心直說，叉燒即使燒得香脆，還拌着大束迷迭香，卻像燒火雞多過做叉燒，就是缺少了那寶貴的傳統風味。我寧願吃那老老實實的傳統叉燒風味，尤其是那厚切甚至原條的叉燒，一碗靚米飯，加點九龍醬園的濃厚豉油，要不然就加一隻農家走地雞的天然荷包蛋，那才是味道。不須要像周星馳在《食神》中，要出那份浮誇的黯然銷魂叉燒飯，那只不過是個電影情節罷了。

時至今天，叉燒飯並非表面所看到的一碗燒味飯，它默默地已成為本地人的一種集體回憶，一個歲月印記。很多人不管遠在天涯海角，念念不忘的，竟是那口充滿燶邊焦香的大塊叉燒，或那碗令人回味無窮的叉燒飯。世界各地有華人的地方就可能有叉燒飯，由洛杉磯、三藩市、溫哥華到倫敦，我都吃過很多當地炮製的叉燒，不過水準就差很遠，可以說這麼多年來都未嚐過一塊令我有驚喜的叉燒，即使昔日被稱為「美食之都」的羊城廣州，朋友拳拳盛意要帶我去當地一間要排隊的名店，說一定要嚐嚐據稱是全城最靚叉燒，我看見端來黑沉沉貌如乾薑的賣相已引不起食慾，我內心困惑，這究竟是大家的品味不同，或是我味蕾退化，為甚麼口味竟會有這麼大的差距？

叉燒美食多不勝數，豐儉由人，由街坊燒臘的二十多元一碗叉燒飯到富貴飯堂一客三百多元的

「黯然銷魂飯」，由茶餐廳十元、八元的一件叉燒撻到陸羽一碟五十多元的叉燒軍機酥或叉燒甘露批，由傳統叉燒包到酥皮焗叉燒包都可以令你吃得眉飛色舞，回味無窮。如果我說香港是全球叉燒的天堂，大概沒多少人會反對。

後記

大作家倪匡認為天下間最好吃的，就是叉燒飯。他很記得年輕時從內蒙古偷渡到了香港，身上只得幾塊錢，第一餐吃的就是「油淋淋香噴噴的叉燒飯」。看着一大碗的飯，飯上鋪着幾塊紅紅的叉燒，肥得油都流到碗邊，黏在手上，那種又香又甜的感覺，尚未吃，已經令倪匡陶醉，打從心底裡笑出來。他說直到今天，看到這碗飯，也還會笑的。當年他很窮，一天只有三塊半工錢，工頭抽去六毛，到手兩塊九。當時的叉燒飯一碗七毛錢，一天可以吃四碗叉燒飯，倪匡覺得很幸福。後來倪匡成為大作家，名成利就但生活絕頂荒唐，揮金如土，他妻子說：「我們有過開心日子，就是你袋裡只得幾塊錢，一齊吃叉燒飯的時候。」倪匡大受感動，着她立即搞移民，一九九二年赴美，遠離醉生夢死的香港，以後每日廿四小時陪她，十四年後回歸香港至今，由昔日胡混的浪子，搖身一變成為愛妻號典範。

轉眼間，
很多美食已成了湮沒的味道，
不錯，很多食物在改變，
當然味道也會改變，今天，
我們面對的不是小變而是大變，
因為連世界都面臨着巨變。

湮沒的味道

隨着歲月流逝，地方轉變，人事轉變，連食物都轉變，你看近年植物肉「入侵」，是否意味着我們的口味也要改變？原本的牛肉漢堡，換成了植物肉漢堡，食味究竟有何不同？分別在哪裡？都想試試比較，但我只是在想，身體就卻步，總不帶我去試一口。只知傳統的味道，將進一步轉變，甚至煙消雲散，很快會成為記憶。在好味道湮沒前，我們要把握每分每秒，好好去享受每一餐，留住那僅有的好滋味，不管大餐小餐，每一頓都可以成為你的美食，都要細味珍嚐，說不定那是你最後一次可品嚐到的好味道。

曾幾何時，很多熟悉的美味，也是如此湮沒。美味是該大的大，應小的小，像雲吞麵細蓉，雲吞的蝦宜細小，如吃潮州凍蟹，一定吃大隻的，以前見到凍蟹已興奮，隨時可來一隻比碟還大的巨無霸大花蟹，肉汁鮮香，口口都是厚肉像在吃大龍蝦，現在的凍蟹卻像奄仔蟹，長不出幾両肉，毫不痛快，大花蟹已絕跡。無獨有偶，鰣魚也已早被吃光，八十年代我去老正興或蘇浙仍常吃到古法蒸鰣魚，以酒糟加入金華火腿及鮮冬菇蒸一條鰣魚，尤其是那甘腴肥美的鱗片，飽吸魚脂，簡直天上人間，可惜這味道也一去不復返，現在人工養的鰣魚不吃也罷。那些年仍興吃魚翅，我特喜蘇浙的火瞳雞燉翅，尤其肘子上的那層厚皮，別人避之則吉，我則非打包不可，隔天用來撈蔥油麵吃得我膽固醇升上頭頂。蘇浙有很多美食，我愛那半西不中的砂鍋炆牛尾，是神來之筆。

說回吃雲吞麵，細蓉講明是「細」，散尾雲吞剛好能包着小蝦及肥瘦豬肉，是有特定比例不能胡來，一口一粒小小的雲吞正正包含着大學問，我討厭那些像乒乓球的大雲吞，死實實地包着一塊大蝦肉，食之無味，完全失去精緻的造型和味道。還有那湯底才是靈魂，能決定一碗雲吞麵完美與否，你呷一口便知龍與鳳，現在的所謂湯底其實是味精水，用豉油味精整色整水調出來，我懷疑連大地魚粉都懶得放。正宗的湯底一定會用原條優質大地魚先烤香才放湯，講究的會用足豬骨、金華火腿、蝦殼及羅漢果，要文火熬足十多小時才大功告成。呷一口湯，有蝦、

陸羽茶室的點心多小巧精緻恰如其分，像蝦餃雖不至十三摺蜘蛛肚，但仍按傳統製作，做得嬌小玲瓏。

魚的甜鮮，加上韭黃的清香，這才算是一碗完美的雲吞麵。

吃蝦餃亦如是，宜小不宜大，我去新地方飲茶，必試其蝦餃，一籠簡單的蝦餃，已可吃出該店的斤両。昔日的「十三摺、蜘蛛肚」已不復見，皮薄如紙、晶瑩通透的「半月彎」，可看到細密如梳的紋理，一捏一摺都見真章。內餡是鮮蝦、肥肉及冬筍，要有黃金比例才夠爽甜，以前講究用艇家的紅鬚蝦，現在連聽都未聽過。別看輕一隻小小的蝦餃，它可考驗出點心師傅的工夫，由選料、調味到摺功都有規矩準繩，蝦餃皮要壓到面薄底厚，否則做不到那種煙韌透薄，但不易穿破的蝦餃皮。摺紋可令蝦有足夠空間膨脹，增加肉汁，令蝦餃皮吃起來更有口感。一般做到九至

舊式灌湯餃是「半月彎」，有細緻人工褶紋的黃色餃皮，內藏湯餡鼓脹隆起，以小塊鐵片盛載着蒸。

十二摺已不錯。以前我吃蝦餃，真的會無聊到去數有多少摺，和看摺紋是否工整清晰，藉此印證這是否一隻完美的蝦餃。包好一隻小蝦餃大概只需十秒，我最喜歡一口一隻，彈牙爆汁吃得痛快，最討厭那些大而無當的蝦餃皇，甚至龍蝦餃，這些蝦餃完全失去傳統粵式蝦餃的精緻，和蝦肉、冬筍的鮮味。

不知從甚麼時候開始，灌湯餃已變成了一碗巨湯餃，正宗的灌湯餃，皮要夠薄，包藏上湯餡料，有點像小籠包，吃時湯包合一，湯要夠燙口與軟滑的餃子皮及餡料混在一齊，鮮香味甜奪喉而上。如將湯餃浸泡在上湯裡吃，好像在喝湯，與灌湯是兩碼事，吃法不同連風味也不一樣。我只知灌湯餃的本來面目是放在鐵片上原籠蒸，看見

豬潤燒賣主要看主角是否用黃沙潤，色澤呈鮮粉紅略帶黃，口感如幼沙既粉且嫩。

現在變成一盅，還以為在喝燉湯。現在仍能吃到傳統灌湯餃的地方已寥寥可數，大概只有益新、鳳城這些老店才做這種傳統懷舊點心，這些點心太花時間，工序太複雜，加上會包正宗灌湯餃的點心師傅不多，可能很快就會湮沒。

提起古老懷舊的點心，我不會錯過豬潤燒賣，正確點說，應該是指黃沙潤燒賣，厚厚的、軟綿綿的黃沙潤，屬於豬肝的一種，又稱粉肝。黃沙潤色澤鮮粉紅中略透黃，口感既粉且嫩有若流沙，不像其他豬肝般爽口，肝有很多種，一般肝口感較韌，嚼後有渣，有些更有陣腥臊味。但這種黃沙肝的豬，通常要養足一年以上，還要天然生長，放養的豬才會形成這種豬肝，吃激素速成長大的豬，絕不會長出黃沙潤，口感和味道也有很大分別，廣東人視黃沙潤為最頂級的豬肝。

正宗黃沙潤經常缺貨，供不應求，一些以黃沙潤為主角的好菜式也常常因找不到好貨源而要暫停，市面甚少吃到好的黃沙潤燒賣，主要就是因為找不到好貨源，強如陸羽都偶有失手，正常好的黃沙潤色澤明亮，大大塊豐厚地覆蓋了整塊燒賣，如果豬肝看上去硬硬的像縮了水，不用吃已知貨不對辦。美味當前，每次冒着痛風之險，都禁不住要痛快地飽嚐那大塊的黃沙潤。

我喜歡到陸羽吃一盅兩件當早餐，躲在一角享用我的牡丹皇溝普洱，很多人不喜歡陸羽，說服務態度不好，我沒這感覺，去了幾十年從沒被怠慢，永遠有個位置給我。我喜歡其舊式手工點心，今天已愈來愈難吃到。

西式早餐我特愛班尼迪蛋（Egg Benedict），由英式鬆餅、麵包、煙肉、煙三文魚、蘑菇、薯仔，到切開流心的水波蛋，加上濃郁絲緞般的荷蘭醬，可豐富得像個午餐。也可來個日式早餐，漬菜納豆魚乾拌米飯都很充實。有時我會遠赴紅磡的街坊小店，來個上海粢飯配鹹豆漿，喜歡熱騰騰的粢飯有榨菜、肉鬆、油條，餡料充足，油條香脆不膩，這麼簡單好味又便宜的早餐，竟也不易吃到。

曾經往往為了一道美食而不辭千里，那口滋味又真的不枉遠道而來，記得以前去鑽石山就是為了一碗擔擔麵，手打麵條，一口濃郁的湯頭，辣度適中，花生麻醬的香氣在口腔散發。那碗美味湯汁，每次我都喝至翻碗方罷休，擔擔麵店地方侷促，但我也見邵逸夫、方逸華常常光顧。思前想後要懷念的味道實在太多，數之不盡。例如比一般拉麵溏心蛋更多層次的「溏心燻蛋」，煙燻味豐富了蛋味，加幾滴老陳醋和灑點淮鹽，令食味更豐富。還有清明前後的新摘龍井配小蝦仁，要選用體積較小的河蝦，吃起來口感更佳，爽甜中透着絲絲茶香。另外，還記得生記老闆娘曾不厭其詳，講解做蝦籽柚皮是多花工夫多繁複，否則何來溶化在口中。

轉眼間，很多美食已成了湮沒的味道，不錯，很多食物在改變，當然味道也會改變，今天，我們面對的不是小變而是大變，因為連世界都面臨着巨變，美好的日子正一點一滴地流失，沒有人會知道下一步將變成甚麼樣子，但我們懷念曾經嚐過的東西，樸實的味道，縈繞着的鮮美芳香，也可成為你舌尖上的雋永，記着珍惜每次與美食的偶遇，都可以成為最美麗的風景。

那些老味道揮之不去，
幾十年來着實豐富了我的味覺人生，
嚐盡口福感恩不已。
今天見到一間又一間離開，
有暫停休業，有黯然結業，
使我這代人的審味觸覺，
大可寫上休止符。

味覺失調的日子

陸羽茶室早前因疫情而停業，但這不過是冰山一角，早在二〇二〇年三月底前，很多本地名食肆已先後停業，如蓮香樓、大班樓、利苑、九記牛腩等，有暫停營業，有些更索性光榮結業如占美廚房、悅香、鳳城、蛇王二等。更不用說一眾國際名廚過江龍如戈登・拉姆齊（Gordon Ramsay）旗下的三間餐廳，包括 Rech by Alain Ducasse 都相繼結業，另一個英國名廚傑米・奧利佛（Jamie Oliver）的飲食王國更申請破產，四年虧蝕了九千萬英鎊（約九億港元），在香港授權的兩間餐廳頂到二月也結束了。近日排着隊等「收工」的，多到令人心寒，有點承受不來。

記得在七、八十年代，我工作室在銅鑼灣，由灣仔到銅鑼灣一帶的好食肆多如繁星，間間都有特色，間間都好味道，各種美味不勝枚舉，張開簡直是份本地美食精華的地圖，信手拈來，由益新、老正興、敘香園、福記、富臨、新同樂到皇后、新寧、太平館、祥記……簡直數之不盡，像集合了全港的美食精華，成為我的早晚食堂，那些老味道揮之不去，幾十年來着實豐富了我的味覺人生，嚐盡口福感恩不已。今天見到一間又一間離開，有暫停休業，有黯然結業，使我這代人的審味觸覺，大可寫上休止符。

看到經營了四十多年的香港仔珍寶海鮮舫

經營了四十多年的香港仔珍寶海鮮舫已停業，現有望隨着海洋公園重新活化。
(Photo / Eric Yeung)

（一九七六年開業）宣布暫停營業，不禁想起我的老友 Fred，依稀記得他是其中一位創始人兼董事，於是向他了解情況，由創業到九十年代功成身退，將股份售予何家，這艘巨無霸成為日後經典，多年來吸引超過三千萬人，無數國際名人特意前來觀看，包括英女皇、米高．積遜（Michael Jackson）來坐龍椅，周潤發帶湯．告魯斯（Tom Cruise）來吃飯。多套著名電影如李小龍的《龍爭虎鬥》，港產電影《無間道II》及周星馳的《食神》均在珍寶取景，令這海鮮舫馳名中外。其實它最出名的並非食物，而是那些宮廷裝飾奇特景致，成為南區景點，香港有艘據稱是世界最大的水上食舫也算添些異彩，對遊客來說，打卡的確比吃更吸引。

擁有逾九十年歷史，位於中環的占美廚房（Jimmy's Kitchen）早於一九二八年開業，在三月宣布因疫情而結業，這是本港其中一間最早期的殿堂級老牌餐廳，保留着舊香港的殖民地色彩，英式裝潢古典氣派，牆上掛着很多歷史性的懷舊照片，多年來招待過無數名人，由李小龍到甘迺迪夫人（Jacqueline Kennedy）都曾是座上客。招牌菜乾咖喱、法式洋蔥湯、火焰雪山等，都成了懷舊美食。

單看香港早期的本地西餐發展史，已足以勾劃出整個社會精神面貌，吾生也晚，當然不會在占美廚房或太平館初來甫到時領略其風華，但可想像早年的上流社會是怎樣開始的。當年，有很多本地政商界名人富豪都以占美廚房為飯堂，有些更橫跨了三代。去占美廚房不須吃大餐，我反而喜歡吃雞皇飯，尤其是其濃度適中的忌廉汁，有特別的風味，是極富維多利亞殖民色彩的菜式。當然還有其招牌菜，源自印度馬德里的乾咖喱，以前也有很多英軍喜歡帶家眷去占美，當中不少是印度人，故特設咖喱菜式，但他們的咖喱辣度較輕，沒加椰油不像傳統的印度咖喱，可說是英式咖喱。

我對另一間很舊的餐館，位於銅鑼灣海傍的 Landau 老店也印象深刻，我永遠懷念那份比碟還大的 Macau sole（龍脷魚），烤得鮮嫩香脆，但以後再嚐不到那味道了。每間有份量的舊餐廳都有其獨特風格和菜式，我記得首次吃韃靼牛肉（Steak Tartare）是在樂意扒房（Louis' Steak House），這間頗低調的扒房由幾兄弟從一九七四年開始經營，也做了四十多年，當年的韃靼牛肉並不在菜單內，當時只得半島酒店內的吉地士（Gaddi's）及雅谷餐廳等名牌食府才有，廚師先在廚房剁碎新鮮西冷，然後在客人前炮製，記得當年吃一客是天價，後變成了頭盤。樂意扒房在幾年前結業，我特意去吃其獨有的中西合璧的花膠扒，回味最後一次看着廚師在客人面前烹調的橙酒煮班戟，我還要加料點多一份招牌的蘋果批，也算向這間老店道別。

鳳城酒家有逾六十年歷史，餐廳內有金色的鳳凰裝飾。

鳳城酒家在一九五四年開業，我由銅鑼灣豪華戲院年代已常光顧，當年每次去豪華戲院看電影後，到後面的鳳城酒家吃晚飯已成例牌菜，後分支出來的飯店我反而少去，感覺那並非正宗鳳城，最後一次到太子鳳城，想吃生腸金錢雞，還在樓下碰到周潤發，心想「乜咁啱」，大家都山長水遠去吃，就是為了回味那古老的味道。灣仔悅香飯店也有六十年歷史，過時過節我都會外賣悅香雞加料，最後一次與泰迪羅賓及Danny Tong去，也是專程想回味那些小菜。

一間茶餐室，可以年營三千萬，澳洲牛奶公司由一九七〇年開業至今迄立五十年，一直低調不宣傳也不接受採訪，這不是僥倖，別只看表面，每間餐廳背後都有個令人動容的故事。很多名店都有其招牌美食去撐起大局，如澳牛憑一件炒蛋多士出名，你以為隨便炒個蛋便了事，或加奶加忌廉？據說他們甚麼也沒加，不過蛋漿用了三種蛋去混合，用上美國蛋和北京蛋，因美國蛋的蛋白夠黏、北京蛋的蛋黃夠濃，這看似簡單的絕技，可能連戈登・拉姆齊也要來偷師。就像九記牛腩，由二十年代開業至今九十多年，獨沽一味賣牛腩，在九記吃爽腩要全靠運氣因很難吃到，即使來個半肥瘦的清湯牛腩麵，軟糯鮮香，肉質嬌嫩，牛腩軟綿卻不糟爛，很有質感和嚼勁，一點都沒碎，那秘製濃郁的湯底充滿精華濃而不膩，和牛腩麵融為一體，湯不知是怎樣熬出來的。有仿效的花了巨資揚言要超越，做湯亦不惜功本，但花了九牛二虎之力，偏偏湯和肉還是不能混合，味道差了幾條街。

蛇店近年已大量消失，但我每年仍造訪上環的百年老店蛇王林，成例行習慣，鎮店的「老蛇王」麥大江做到近九十歲才退休。至於銅鑼灣的蛇王二也開了四十年，我喜歡他的潤腸多過蛇，每年會買上多斤自享。可惜平日的長龍店也要結業，蛇羹名店買少見少。至於茶餐廳及冰室更成為重災區，開業七十多年的美都餐室，曾是港產片的至愛取景地，特別有懷舊風情，可惜停業。另一間杜琪峯的至愛——中國冰室，早於一九六四年開業，屹立旺角廣東道半世

本地蛇店已接連結業，昔日在銅鑼灣的名店也要結束，蛇店已愈來愈少了。

紀，去年也突然結業。

超過六十年歷史的舊式茶餐廳並不多，一九五二年開業的蘭芳園是現時歷史最久的茶餐廳之一，也一度在疫情期間暫停營業了。連新一代的翠華，在威靈頓街的旗艦店，被譽為中環人的集體回憶，也有戲稱之為蘭桂坊照妖鏡，在開業二十二年後，也宣布結業了。這間曾被稱為中環近年最大的「蛇竇」都結業，再看其他「蛇竇」也先後消失，「蛇竇」消失表示蛇也消滅，中環沒「蛇竇」是否表示中環已繁華不再，這顆東方之珠早已黯淡無光？看來這結業潮仍未休止，一間接一間倒閉，所剩無幾，昔日的美味就像香港的風華，已一去不復返。

九

自踏入所謂「繁榮的年代」，
廟街沒落了，大笪地沒有了，
避風塘也消失了，
到今天我們再找不到一條歡樂街。
誰人可以告訴我，
昔日那麼多令人難忘的味道
究竟去了哪裡？

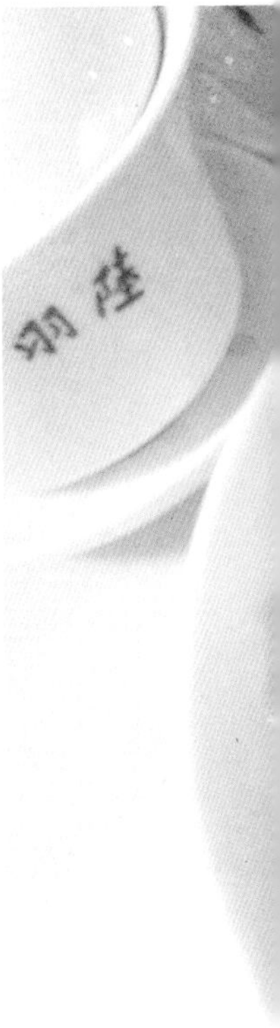

昔日的美味去了哪裡？

我經常說，看一間食店或廚師的工夫廚藝，應從最基本最簡單的食物入手，往往由此便看出斤兩，如果連煎個蛋炒個粉麵飯都不像樣子，還可做出甚麼？就像連最簡單基本的文字都錯漏百出，很難相信能寫出好文章。據說廚師考牌很多時要看炒飯炒河的工夫如何，炒河通常是指濕炒牛河而非乾炒牛河，因為濕炒牛河才是正宗，可見真工夫，乾炒牛河及瑞士汁牛河不過是後來衍生出來的副產品。我很多外國朋友特別鍾情乾炒牛河，尤其是意大利人，提起乾炒牛河已豎起大拇指，那才是他們心愛的Pasta。我認為牛河乾炒濕炒是兩回事，我只可說各有千秋，各有不同口味，如炒不好就乾濕都沒用。乾炒牛河要鑊氣十足，五分鐘內要炒起，豉油着色均勻，河粉透薄分明，要乾身煙韌不油，牛肉賣相半帶焦香，銀芽、洋蔥、韭黃要多及夠爽脆，

每箸粉必夾雜着配菜，色香味俱全之秘訣是炒牛河到尾聲時落幾滴豬油提香，這樣才會好吃。

我的口味偏向傳統，那是指原汁原味的菜遠牛河，對一些沒嚐過傳統牛河的食友，很難去解釋究竟是甚麼滋味。我對菜心的興趣不大，因農藥猖獗好容易吃錯毒菜，故對菜心特別有戒心，但如果濕炒牛河用西蘭花或芥蘭作伴，就完全不是味兒。炒牛河看似簡單，其實一點都不簡單，加芡汁是門大學問，要不把粉炒斷不炒碎，完全要看掌鑊者的工夫，怎樣去調芡汁，能適度將菜、肉、粉神奇地黏合在一起，融合成獨特的濕炒牛河味道，那一點都不簡

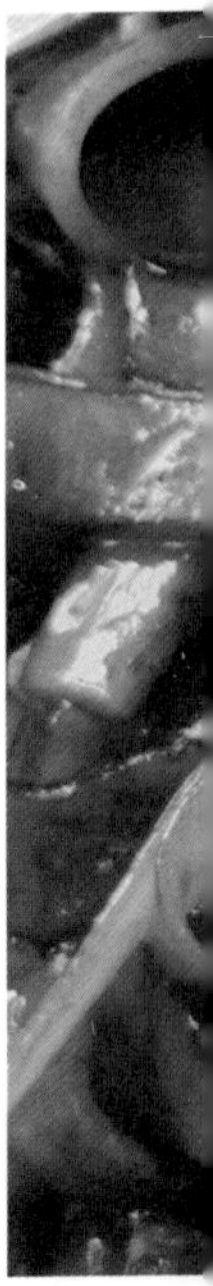

乾炒牛河是傳統牛河的副產品，乾炒要鑊氣足，着色均勻，粉要乾身煙韌不油。

單，記得以前在大街小巷，由大牌檔到大酒家，都可以炒出那種味道，我很難去形容究竟是甚麼的味道，只知道那濃厚的舊式牛河味大概已是種傳統，包藏着肉味、醬汁味和米香，當然還有那股鑊氣，恰如其分的芡汁，以河粉鋪底、青菜拌碟，將炒好的牛肉連帶芡汁均勻淋在上面。靚牛河是細膩而非油膩故也不須亂「兜」，加上碟余均益辣椒醬，就如此合成一碟完美的濕炒牛河，但可能今天的牛河已成化學合成物，那種原始獨特自然的牛河香味已很少聞到。

濕炒牛河不同於乾炒牛河，最大分別就是「乾濕」，乾炒講究鑊氣，濕炒牛河靠濕潤的芡汁來滿足味蕾。有人會加入沙茶醬來勾芡，這只是潮汕風味；有人會要求「兜亂」，就是要師傅將粉、肉、汁拌勻，讓鋪底的河粉也能被肉汁滲透，每一口都能嚐到濕炒牛河的真正滋味。但我則相反，切忌「兜亂」，好的河粉、好的芡汁及材料無須亂兜，我就是不要均勻，才更領悟到米香及芡汁的美味，調好芡汁是另一門學問，不是亂調的。濕炒牛河各部分互不干擾，鮮味的牛肉、嬌嫩的菜心加順滑的河粉配上芡汁，三種口味形成的層次感，成為濕炒牛河的靈魂。有位老朋友跟我說現在的牛河都變了質，完全不像以前的味道，某天我約他去陸羽，特意叫了碟濕炒牛河，他很感動說終於找回那種原始牛河的滋味。

隨着七、八十年代經濟起飛，我胃口也大開，那時候大閘蟹一籮籮買，還記得有次買到一隻比小腿還粗壯的巨型龍蝦，要用把古老大秤來放尿，那大盤龍蝦沙律足可招呼十多人，上枱很有陣容，之後我再沒見過這麼巨型的龍蝦了。到上海小館子醉蟹也照吃，完全不理死活，還有那爽嫩肥美的螄蚶，一剝開殼血水直流，集恐怖、鮮甜、美味於一身，那人世間的鮮美很快已被洪流污染得只剩下回憶。想起螄蚶的烹飪方法實在簡單到不能再簡單，白水燙熟而已，但燙蚶絕對考技術。水煮沸將蚶子倒入，微微一燙，螄蚶的殼就會張開，用大漏勺攪拌一下就可以撈出來。不過如果燙太久，蚶殼會張得太大，蚶血流失肉會縮小，口感既乾又柴，如燙不夠蚶殼張開太小，蚶肉未熟，吃的時候殼就不容易打開，吃起來會有腥味。你說這究竟是簡單還是高超，像我們蒸魚，多一分少一分便變黐骨或離骨，這便是分別。

鷹鯧是鯧魚中之極品，肉厚魚味濃郁，肉質嫩滑，做煙焗鯧魚，宜大不宜小，起碼要兩斤半到三斤才有意思，有時在西餐館吃小小一兩件，到喉不到肺，不如不吃。但今天的煙焗鯧魚多雪貨，本地的深海大鷹鯧，早已可遇不可求。益新美食館老闆 May 姐告訴我，他們仍是堅持用

好的煙燻鯧魚要肉厚夠大條，起碼用兩斤半三斤以上的大鷹鯧才入味，要以杉木碎燻焗而非用煙槍，才可出那種真正的煙燻味。

傳統方式以杉木碎燻焗鷹鯧，而不是作假用煙燻槍，所以才能成為招牌菜，我每次必預訂大鷹鯧，但三斤以上的也甚少出現了。

當年我的工作室設在銅鑼灣利園附近，那區所有的名食肆我都曾光顧，很多更成為我的日常食堂，吃了幾十年也見證了很多興盛起落，無論多好的飯館，大廚走了，負責人走了，換上另一班人，已是不一樣的口味。像銅鑼灣老正興菜館，搬了去灣仔變老上海，早期還是那班老臣子，都是熟悉面孔，他們都知道我吃甚麼不喜歡甚麼，有時會弄些不在菜單的時旬，大夥人會和我寒暄，令我賓至如歸。自從掌舵人一個一個離開，我感覺那味道也一點一點

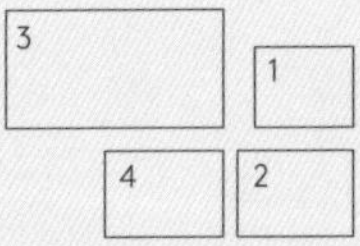

1 上海燻蛋口感鬆嫩，蛋黃會呈半凝固狀，而蛋的表面亦會形成一種煙燻的顏色。

2 上海水晶肴肉是必點小食，肉質香滑，外皮晶瑩剔透，蘸點鎮江醋份外美味。

3 錦滷雲吞原是典型廣東鄉土菜，從前常見於鄉間婚宴。現偶見於中式點心，以竹昇麵為皮，蝦和豬肉為餡，以油炸成，佐以醬汁。

4 凍羊糕原是蘇州特色美食，羊糕煮法很講究，把紅燒羊肉帶汁冷卻凝固成糕狀，並切件以甜醬大葱拌吃。

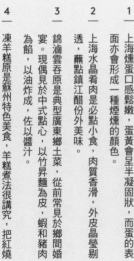

失去，我始終喜歡原來的老正興，蟹季時我還可約定日本朋友專程來吃蟹，早年沒多少間餐廳可找到特大的靚蟹及花雕酒，天香樓是另一間。老正興從內地購入大埕花雕，可直接從大埕一勺勺抽出來賣給客人。那時候如果買十斤八斤存放，現在已變成三十年以上的老陳酒，必然十分好喝。好的餐館一定會庫存好的食材備用，如富臨存鮑魚，福記、新同樂存魚翅，這些是招牌不用多說，很多人可能不知，陸羽存靚茶，還有自家的混茶師，據聞每年賣茶的生意額都以千萬計。

我目睹好餐館一間間接連消失，有難言之傷感，像駱克道波斯富街交界那間敘香園，我可每周去幾次，那些平實的老粵菜吃極不厭，後結業搬去灣仔叫醉湖，由以前的蘇哥主理，初期仍保留敘香園的名菜，慢慢隨着蘇哥退出也變樣了，那些懷舊菜式再吃不到。想起以前開餐的日子我真是打從心底笑出來，可以日日吃不同美食，早午晚不同，像有些茶餐廳排每周午餐表，今天我吃潮菜去百樂，打冷去潮州巷，明天吃上海菜到老正興、蘇浙，後天吃老粵菜去益新、敘香園，想吃豉油餐去皇后太平館，想豪氣些就去福記、富臨、新同樂，想飲茶去陸羽，那是多麼充實，餐餐吃到眉飛色舞興高采烈，味蕾都很滿足，可惜這種感覺日漸消逝。

閩南人形容古舊的味道喜歡用一個詞叫「古早味」，也可理解為一種懷念的味道。以前世界尚未高速發展，化工食品業未成氣候，連快餐都未成行成市，那時料理的做法比較單純，多以手工料理食物為主，是真材實料，昔日的味道常常被老饕提及。但正如那首老歌《往事不堪回味》，我指的是那些正宗古早老味道，已一去不復返。記得在街童時期，我帶着無限的好奇心，經常找個藉口，去逛廟街榕樹頭，那是小孩子的花花世界，由心口碎大石到滿街的小食常令我流連忘返。上環的大笪地是香港大笪地的起源，由一八四〇年代開埠已出現，差不多有一百五十年的歷史，到一九九〇年代才被社會淘汰。那個夜市有吃不完的美食，名副其實是平民夜總會。另一個地方是避風塘，炒蝦拆蟹不亦樂乎，後來豪客日多，竟由平民娛樂區變成銷金窩。

從前實在有太多地方可找到吃不完的美食，從上環的潮州巷打冷到沙田吃雞粥燒乳鴿，不管是路大牌檔或到半島酒店大堂嘆下午茶，只要有好味道，那管山長水遠都在所不惜。自從魚翅撈飯開始，經濟開始變化，社會開始變化，口味也起了變化。以前香港曾有過不少好地方，帶給多少人快樂的回憶，在那處留下不少足印，吃過多少街頭美食，很多時候聯群結隊，可以由街頭吃到街尾，由陸上吃到海上，從六十年代吃到九十年代，吃足三十年，其中找到不少歡樂的時光，充滿覓食的生趣。自踏入所謂「繁榮的年代」，廟街沒落了，大笪地沒有了，避風塘也消失了，到今天我們再找不到一條歡樂街。誰人可以告訴我，昔日那麼多令人難忘的味道究竟去了哪裡？

FISHERMANS WHARF
OF SAN FRANCISCO
Jefferson
FRANCISCAN
NOW OPEN
STORY
故事

第二章

遠方的故事

納豆／鰩魚／白子／意式咖啡／百吉圈／酸種麵包／匈牙利羊毛豬／黑毛豬火腿／巴馬火腿

不管身處何方，即使遠至天涯海角，都可能遇上令你懷念一生的食物。甚麼食物都有其獨特味道，可喚起你的記憶，和無限的思念，食物所盛載的，除了滋味還有在遠方的故事，不管我們走多遠，總是魂牽夢繞。食物不但牽動你對親情摯愛的關懷，追憶來自家鄉的味道，而美食往往變成靈藥仙丹，慰藉疲憊的靈魂，那可能就是人最深處的鄉愁。

我覺得食物好吃與否
未必與其香味相等，
食物難聞亦未必等同惡臭，
很多食物雖然難聞但並非難吃，
簡單如臭豆腐，
很多人覺得神憎鬼厭，
但老饕視之為美食納入逐臭餐單。

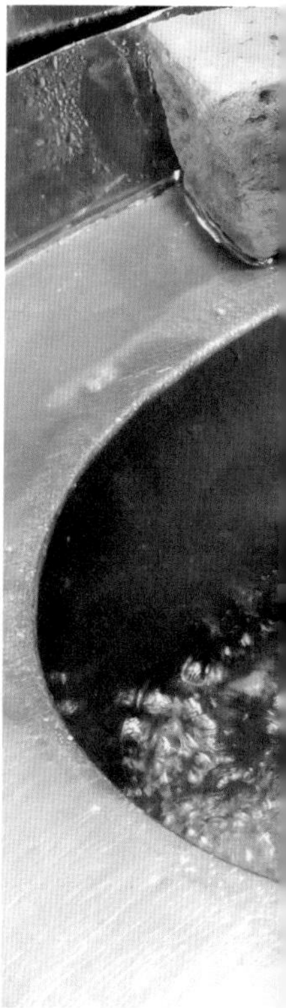

你的蜜糖我的砒霜

飲食這回事非常主觀，基本上，能夠入口的我都不介意去品嚐，好味的自然想吃，不好味的我也常出於好奇而去試。進食是個多面體，最原始的原因當然是為了飽肚，但更大部分是想去品嚐味道，吃出其中的精緻細節，吃出時旬產地，吃出文化歷史，吃出深度和層次，當然還有廚藝，欣賞進食地方的環境氣氛，對我來說這已成為興趣和樂趣，甚至是我的生趣。

我覺得食物好吃與否未必與其香味相等，食物難聞亦未必等同惡臭，很多食物雖然難聞但並非難吃，簡單如臭豆腐，很多人覺得神憎鬼厭，但老饕視之為美食納入逐臭餐單，可見即使臭冠全球，但愛者仍甘之如飴，各地臭物如馬拉榴槤、泰國酸肉、越南蝦醬、法國藍芝

瑞典的鹽醃鯡魚罐頭一般極難入口，打開後十里飄臭，是難吃之最。

士，至被稱為世上最臭的瑞典鯡魚，都有其狂熱粉絲捧場。

說到難以入口的食物，數數也有不少，韓國有一道頂級食材——鰩魚片，就很多人吃不下去，據說是用放臭了的鰩魚做成的菜，吃時有種腐臭的味道，還賣得很貴。鰩魚即是大名鼎鼎的魔鬼魚，其尾刺有毒，因魚身沒有排泄器官，它是通過自身的皮膚進行排毒的，所以皮膚表面布滿大量尿酸，這也是其惡臭的根源，當尿酸轉化為氨，就會散發出陣陣的臭味，韓國人似乎就是喜歡這種味道，朋友告訴我，這種魚魚身滑潺潺，不小心沾着黏液，惡臭洗極不去。

「臭名遠播」的瑞典鹽醃鯡魚罐頭（Surströmming），

長期高踞臭榜之首，是難吃之最，據報導連瑞典政府也規定不准在住宅區內開鯡魚罐頭，國際航班也不允許攜帶，有航空公司認為這會危害飛行安全。吃過的人都說對人生失去信心，打開之後十里飄臭，人人要暈倒。日本放送協會（NHK）曾以儀器測量鹽醃鯡魚異味的數值，臭味數值（Alabaster Unit）竟高達八千零七十，這是甚麼概念？舉例，遠近馳名臭十里的臭豆腐的臭味數值也不過四百二十，換言之鯡魚罐頭的臭味比臭豆腐強近二十倍，足見其威力。有人形容這猶如個流動公廁，也有人說根本像生化武器，已不算美食簡直是在放毒。鯡魚罐頭是發酵製品，會不斷釋放產生氣味強烈的代謝物，產生濃烈刺鼻的氣味，罐頭也因發酵氣體而變得膨脹像隨時會爆開。各地有不少「敢死隊」久仰臭名，要親自開罐一聞其臭，很多更整裝以備，穿上雨衣、戴手套及口罩才開罐，否則沾染到味道就很難消除。在一九八一年有則花邊新聞報導，一名德國房東因房客不慎將鯡魚罐頭湯汁濺在樓梯上而將房客趕走，他因此被告上法庭，結果法官在聞過鯡魚的味道後，即判房東無罪，法院認證鯡魚的確令人臭到受不了。

儘管如此，韓國人仍視之為高級食材，每年竟可吃掉一點一萬噸，他們還喜歡吃同樣臭不可擋的鰩魚，對惡臭好像情有獨鍾。相比之下，日本所謂難吃的食物就如小巫見大巫，甚麼像堆嘔吐物的山藥泥、黏稠拔絲的納豆，還有白子、蜂蛹、生馬肉、生雞肉、鯨魚肉等，我通通都吃

日本納豆是發酵食品，又黏又潺很難入口，但其實是極健康的食品，接受後反而覺得美味。

過，都談不上難吃。

像納豆是日本傳統的發酵食品，又黏又潺有濃烈發酵過的味道，最初確令我難以接受，但其實是極健康的食品，日式早餐中常見納豆身影，單一小碟納豆已可拌上一碗米飯，日本人食納豆已有超過一千年的歷史。這黏稠的拔絲味道很怪，不像是可以入口的東西，但慢慢發覺別有風味，加上豉油黃芥末，夾海苔和日本米飯是絕佳配搭。即如本地廖孖記腐乳搽上烘熱的多士，也有不錯的滋味，這些是外國人連做夢也想不出來的味道。所以即使惡臭難聞又難吃，都會有知音人捧為美食，確有點不可思議，世界無奇不有，偏偏有些人就是喜歡逐臭，證明了「吾之蜜糖」可能正是「汝之砒霜」。

日本料理的白子，其實是魚類的精巢，經烹飪下，會呈奶油和膠狀，白子入口感覺滑膩，軟綿綿的口感像奶油。(Photo / Take Nishina)

至於白子，更屬高級食材，即魚之精囊，日人常用來做料理，含豐富蛋白質被奉為補身極品，不過有季節性不常吃到。

看過很多臭榜介紹，似乎瑞典鯡魚已經冠絕全球，臭遍天下無敵手，豈料天外有天，原來極地還有更令人噁心的食物。例如冰島臭鯊魚（Hákarl），這竟是冰島其中一道最受歡迎的菜式，將發酵的鯊魚肉切片吃，只用來自冰島格陵蘭海域的鯊魚，才能製成這地道菜餚，將鯊魚腹部白而軟的肉切塊，要等風乾發酵四個月才吃，其味可想而知，這小食不僅臭而且有強烈的氨水味。但當地人說，臭鯊魚聞着臭，吃着香，冰島人即使離家萬里，仍懷念臭鯊魚的美味。

據說在一些農村，仍有人將蜂蛹直接生吃，但最多的做法是油炸。油炸出來的蜂蛹很脆，略帶點甜味。

北極圈還有兩種大概只有愛斯基摩人才會吃的東西，其一叫醃海雀（Kiviak），是將幾十隻海鳥塞在一頭挖空內臟的海豹屍體內，縫合後再用海豹的油脂密封，埋到凍土層發酵，等兩三年後才取出食用。據說北極圈的居民以吃這種發酵肉來補充蔬菜不足，大概像我們吃金華火腿，可惜我聽到都反胃。另一種叫臭頭（Stinkheads），是將大鮭魚頭埋在凍土層發酵，同樣臭不可擋，西伯利亞地區的尤皮克人就靠吃這臭頭補充維生素。這類食物對北極的人來說是否美食我沒興趣，但肯定是我的砒霜。

天下之大各地口味自然有大差別，我喜歡的松花溏心皮蛋拌酸薑，外國人別過頭就想吐，臭豆腐更不用說了。在本地芸芸食物中，我覺得最難入

外國人見到皮蛋一般都避之則吉，不能想像這黑色的蛋怎麼弄出來，還可以入口。

口的是鴨尾。家禽中我較喜愛吃鴨，由法式油封鴨腿到中式各類型菜式，八寶鴨、樟茶鴨、琵琶鴨、北京填鴨到釀米鴨吃極不厭，唯對鴨尾我卻退避三舍。想起畫家董培新說過他吃鴨尾的經歷，笑得我彎腰但深有同感。他說一大塊鴨肉夾起大啖咬下去，豈料原來是鴨屁股，一股濃烈的膻味充滿口腔，直湧鼻頭，當場反胃吐個不停，淚水鼻涕齊出都驅不散那氣味，吸一口氣又嘔，最後要出動話梅才算頂住，此後鴨尾成為終生戒絕食物。我覺得臘鴨尾更要命，難明有老饕竟喜歡臘鴨尾煲仔飯，想起我已渾身打顫！

世界糧荒日趨嚴峻，「偉大的領袖」已叫人要節約糧食，但這麼多年浪費已司空見慣成常態，部分中國人喜歡將餸菜重重堆疊像起樓，否則不夠

鴨尾最難受的是那股羶臭味，主要來自尾部兩粒白色腺體，臊得要命。臘鴨尾更臭上加臭，難以入口。

隆重，我們吃小菜三餸一湯，他們視之為寒酸。現在文明了排場也改變，以前向高空發展現改向橫覆蓋，不過很多落後地方仍喜歡在飯桌上起高樓，這才顯出大堆頭夠豪氣。我記得在九十年代曾在哈爾濱替客戶設辦事處，當地權貴輪番接待晚晚盛宴，滿桌菜餚可疊上五層引為奇觀，主人饗以珍饈美饌，不少奇珍野味，包括熊掌、虎肉，最記得有道菜他們稱之為四不像，我以為只是傳說中的異獸，原來真有此稀獸，應列為受保護動物，聽到都不想舉筷，坦白說這樣的排場使我整夜如坐針氈，環境食物都不對胃口，履舄交錯，杯盤狼藉，令我聯想起古時維京人的飲食氛圍。

現在世界局勢急劇惡化，相比起過去幾十年，環境污染更嚴重，人類過量虛耗地球資源，消耗速度遠超於大自然的再生能力，人類才是真正的罪魁禍首，吃到山窮水盡，看來昆蟲將成為下一波的食糧。雖然我對 Noma 主廚 René Redzepi 那道名菜「螞蟻牡丹蝦」很好奇想品嚐，但看到東南亞甚至內地很多市集街頭巷尾的各種昆蟲小食就卻步，主要是來歷不明衛生存疑。年輕時曾「不識死」，甚麼都出於好奇要嚐嚐究竟，想不到年紀愈大愈忍口，現在看見還有點噁心，世上美食很多，光是新鮮的蔬果海鮮已吃極不厭，昆蟲可能排在極後想吃的位置，管他甚麼豐富的蛋白質，我看到一味酥炸大蜘蛛，還以為是炸軟殼蟹，這是每次去泰國的必嚐美食，現在我可能連吃軟殼蟹的意慾也因此而消失了。

後記

看來這篇劣文應列為三級，抱歉令大家雞飛狗走，女士們花容失色，其實我只是在傳遞一個訊息，就是應愛護地球，珍惜資源，不能再傷天害理污染大地，我們沒多少老本，將來可能連昆蟲也吃不到。

十一

幾乎所有的咖啡飲品，
都是從意式濃縮中調出來的。
一杯好的濃縮咖啡，
表面有一層油脂，
有豐厚而呈金黃偏褐色的光澤，
好的咖啡不應苦澀，
反而會帶着絲絲的烤香味和甜味。

需要那陣咖啡香

我喝咖啡的日子不算短，但不算迷上癮，每天一杯起兩杯止，年輕時喝咖啡算是趕時尚，早年本地颳起陣法國文青風，一窩蜂像新浪潮，要看法國電影，聽法國歌，穿法國衣，抽法國煙，可惜沒有像巴黎香榭麗舍大道的路邊咖啡座或左岸的咖啡館，大家只好到海運大廈的巴西咖啡室打躉，當年我有個合作的設計工作室在星光行，每天自然順道在巴西咖啡室與各方好友聚會，巴西咖啡室當時得令，恍如文化沙龍，那是個短暫但頗愜意的日子，日日風花雪月談文弄藝，好像文藝能養飽我。找我嗎？我就在咖啡館，如不在咖啡館，就在往咖啡館的途中。

八十年代我首次前往意大利，在米蘭及托斯卡尼住了一段時間，迷上意大利男裝及愛上那處的人文風景，當然也因為有好友和親人在那邊熱情接待，穿梭翡冷翠（佛羅倫斯）、威尼斯、羅馬等地，一天到晚泡小館子咖啡吧，其中倒領教了意式的喝咖啡學問，令我眼界大開，上了寶貴一課。

意大利人的生活態度和文化美藝向來別有一套，這可從其飲食習慣及飲食文化看出來。法國人對飲食看重廚師，意大利人則看重食物，他們都對食物質素、食材的來龍去脈很執着。法國人吃餐飯較講究地方環境氣氛，食具擺設至食物擺盤，更重視廚師的表現；而意大利人會以食物質素為優先，吃個番茄都可以長篇大論，意法兩地常為「食」的觀點起爭端，意人振振有辭說他們懂用刀叉時，法國人仍在用手抓食，如果看歷史倒也沒錯。

我時常喜歡與意大利親友，聚在一起飲飲食食，和他們相處我深有體會，對煮食的見解另有一套，簡單如煮個意大利麵，他要煮甚麼味道就甚麼味道，放番茄就番茄，做芝士味就放幾種不同的芝士，而不會隨意亂放不相干的東西，破壞原來的味道，他們就是執着原汁原味的意大利味道，所以他們對美式意粉或和風東洋意粉都不以為然，更不要說港式茶餐廳做的所謂意粉了。他們看見「爛撻撻」的一團過熟的港式意粉，連忙耍手搖頭不要吃，對他們來說，這是

Caffè Shakerato 是意大利的一種冰搖咖啡，以濃縮咖啡加上獨特配方的朱古力奶漿、冰塊和糖製成。

難以接受的味道。煮意粉時他們要剛剛好不能過熟，多半分少半分都不妥協，標準是煮到麵中間有一點針孔白，這才叫剛剛好，他們有個專有形容詞，謂之Al Dente，煮好急不及待，要第一時間就放入口，這才叫「識食」意粉。

有人說意大利有兩大「極品」，一是貪靚姿整的男人，二是咖啡。要折騰意大利男人就不要讓他們喝咖啡，要不就給他們喝杯不符合他們「標準」的咖啡，像我請意大利人去港式茶餐廳，請他們吃盤煮得熔爛的港式意粉，再來杯齋啡，保證會要他們的命。即使去星巴克，他們也會直搖頭，滿臉嫌棄，甚至輕蔑地說：「這跟廁所水有甚麼分別？」咖啡的存在對他們來說，已不是提神飲料，而是一種生活品味，是對生命的熱愛。你看絕大部分咖啡的名稱都沿用意大利語，就知道意式咖啡的地位和影響之深遠，就像你不會將意大利粉（Spaghetti）叫做麵條（Noodle）一樣。

要享受真正的意大利咖啡，就如喝法國紅酒，都有一套學問和潛規則。經典的意式濃縮咖啡（Espresso），往往只是一小杯，已像咖啡的精華，味道雋永馥郁，透出一縷濃烈咖啡香，幾乎所有的咖啡飲品，都是從意式濃縮中調出來的。一杯好的濃縮咖啡，表面有一層油脂（Crema），有豐厚而呈金黃偏褐色的光澤，好的咖啡不應苦澀，反而會帶着絲絲的烤香味和甜味。

意大利人喝咖啡的習慣和目的與其他國家很不同，大街小巷裡的多數咖啡館通常只會賣三種咖啡，第一種叫 Caffè，即是上文所述的濃縮咖啡，用細小的陶瓷杯裝，份量非常少，一般站在吧台邊一仰脖就已喝完，多數人習慣站着喝，一天可喝上幾杯。第二種是 Cappuccino，濃縮咖啡加牛奶和奶泡，泡沫厚薄適中，並呈現出完美的三層咖啡，杯子比 Caffè 大兩圈，也是用陶瓷杯，意大利人只會在早上喝，午後都不會喝。第三種是 Latte Macchiato，服務員會在客人面前把一整杯牛奶倒入已經盛好濃縮咖啡的杯子中，如果在咖啡館點 Latte，服務員便只會給你一杯牛奶，你要完整講出 Caffè Latte，因為 Latte 只是意大利語牛奶的意思。意大利大部分的咖啡館不預計你會邊喝咖啡邊工作，店內也沒有 WiFi，他們認為喝咖啡是生活享受，不應帶着工作進咖啡館；咖啡館大多也不設外賣，不喜歡用紙杯或膠杯去盛咖啡，要用陶瓷杯才像樣子。在意大利，外國著名的咖啡連鎖品牌絕無僅有，連星巴克也不受歡迎，很排外。嚴格來說，意大利人在骨子裡認為意式濃縮咖啡才是真正的咖啡，那些加了牛奶的拿鐵、卡布奇諾、瑪奇朵只能算是飲料，更別提星巴克的主打星冰樂了。

究竟意式咖啡的地位如何，看看星巴克便知，你問十個意大利人，相信十個都會對星巴克嗤之以鼻，他們會異口同聲說：「那才不是咖啡」。事實上，星巴克發源於西雅圖，前總裁霍華．舒茲（Howard Schultz）本身就是個意式咖啡迷，當日在米蘭的酒吧裡初嚐到意式咖啡，驚為天人，靈感油然而生，從而啓發他將意式咖啡的全新概念帶進星巴克，之後發展成了現在所看到的咖啡連鎖王國。他心知自己出品的品質有限，咖啡店所提供的咖啡遠不如正宗的意大利咖啡，但勝在有包裝，有商業腦袋，要裝成很有意大利味道，甚至要比意大利更意大利，咖啡飲品名稱用意大利文。這種營銷策略沒錯，反正普羅大眾是不計較，聽到意大利咖啡便自覺高人一等了。

事實上，全球所流行的咖啡文化與意式濃縮咖啡有很大的差距，喝咖啡的態度也不同，我最初到意大利，老想去泡咖啡館，想着的是在日本大街小巷那種很有風格、很具文化氣息的小咖啡店，可悠閒地邊聽音樂邊看書，很是寫意，所以當我首次見他們喝咖啡時，確令我出乎意料。一般所謂的咖啡館其實像個酒吧，他們喝咖啡就靠着吧枱，拿起那小如清酒杯的小咖啡杯，將 Espresso 一飲而盡，前後不過幾分鐘，喝完即走不會多留，叫我大開眼界，事實上那杯咖啡很便宜，今天也只是收一歐元，一天可喝多杯。

星巴克一直被意大利人抗拒，不認同那是意式咖啡。原因簡單，因視咖啡為生活品味的意大利人，要他們喝這種大型連鎖店的咖啡，他們打從心底已屏蔽。星巴克爭取了很多年，幾經辛苦直到二〇一八年才成功在意大利插旗，這間店坐落在米蘭科爾杜西奧廣場內一間前身是舊郵局的建築物裡，佔地兩萬五千平方呎，內外都盡顯奢華氣派，黃銅餐桌椅、大理石櫃枱及大型咖

香港近年開始興起手沖咖啡熱潮，像這間 CoCo Espresso 已開了多間分店，主打「氮氣咖啡」和「燕麥奶咖啡」。

啡豆烘焙爐，將舊建築結合現代設計，外形裝修不惜工本，聲勢逼人，號稱是全球最美的星巴克。星巴克選擇在米蘭插旗是正確的，因米蘭是意大利的時尚之都和金融中心，相比之下，那不勒斯和羅馬的咖啡文化則更加苛刻和更難入手。即使在意大利的偏遠小村莊，普通的小咖啡店都可做到出色的咖啡，僅憑產品遠不足夠，關鍵在於體驗，要賣的其實是生活方式，當做時裝。至於星巴克最後能否攻入意大利市場，目前言之過早，等着瞧吧。

目前世界的咖啡市場有如六國大封相，人人都盯着這塊肥肉要分杯羹，連中國的瑞幸咖啡也曾揚言要超越星巴克，當然這假大空目前已「一身蟻」，要自保還來不及。眾咖啡控有沒有發覺，近年的咖啡潮已趨向更深度發展，愈來愈多小小咖啡店的咖啡師做手沖咖啡，今天調咖啡已像個調酒師或品酒師，將喝咖啡的學問變得更專業。我有些朋友已改行，往這方面作深度鑽研，要考個專業牌，他們隨口而出都大堆理論，我才疏學淺往往洗耳恭聽。咖啡師入門都要懂調意式咖啡，要以七公克深度烘焙的綜合咖啡豆，研磨成極幼細的咖啡粉，經九個大

日本特別着重手沖咖啡工藝，更研發出仿手沖咖啡機器，可以設定各項手沖參數，猶如大師的手沖工藝。

氣壓（編按：即大氣壓九倍重的壓力）與達攝氏九十度高溫蒸氣下，在二十秒的短時間內急速萃取三十毫升的濃烈咖啡液體，方可稱之為 Espresso。Single 是指用單一份量（約七至九克）的咖啡豆沖出一杯三十毫升的 Espresso、Double 及 Triple 則以此類推。從 Espresso 上漂浮的一層金黃油脂，便可看出咖啡豆的質感，愈新鮮油脂愈豐富，呈虎皮紋，一杯完美的 Espresso，其油脂能保持約兩分鐘。

其實在日本沖咖啡的都是專家，他們稱之匠人咖啡。幾十年前，一位日本老友特帶我去赤坂一間咖啡專門店，

——這間在坪州的咖啡店叫陸日小店，只在星期六、日營業，可惜最近也結業了。

(Photo / Eddie So)

試喝滴漏咖啡，他的咖啡枱經過特別設計，咖啡蒸漏懸吊在半空，看着它滴滴滴，滴了很久才滴成一杯，當年這杯咖啡承惠一千兩百日圓，屬於天價，那時普通一杯咖啡才不過收一百日圓左右，所以喝了這杯富貴蒸漏咖啡後，我可以記到今天。

話雖如此，對意大利人來說，即使外間天翻地覆，仍是處之泰然，似乎不為所動。他們認為這些咖啡店所提供的咖啡還是遠不如正宗的意大利咖啡。大多數意大利人對他們的咖啡質量特別認真，都認為意大利是代表咖啡文化的最高標準，所有的咖啡也應該以此作為衡量標準。例如有些喝 Cappuccino 的習慣已成為傳統，就是應該在早上十一點前喝，午後喝他們會奇怪，尤其是那種在咖啡奶泡上灑少許榛子糖漿和肉桂粉的做法，更是將這咖啡扭曲。堅守傳統的意大利人，被視為世上對咖啡要求最高的民族，堅持鑽研最優質的正宗口味，讓意大利咖啡在世界別樹一幟、獨領風騷，今次星巴克硬闖關，要做贏取令意大利人歡心的咖啡，真是談何容易。

時至今天，咖啡已走出很多不同的味道，自己雖然泡了幾十年各地大街小巷的咖啡館，喝咖啡時，我都不禁問自己，究竟是為了那杯咖啡，或只是需要個舒適的地方？原來為好奇，看見有特別的咖啡店便想試，尤其是那種標榜手沖咖啡的匠人咖啡，我有期待有要求是理所當然；但很多時候，我會選擇環境，喜歡躲在角落，讓一杯咖啡伴着我工作，我的思考空間原來竟是咖啡陪在左右。不過說到底，不管在甚麼地方，甚麼時候，我需要的是那陣咖啡香，如果來一杯沒有色香味的咖啡，那是多麼掃興的事！

十二

這包其實很有個性，
是那種愛恨分明的麵包，
令愛的人無法自拔會吃上癮，
不愛的怕用牙力，
連吃它都覺得累。

一圈一圈百吉圈

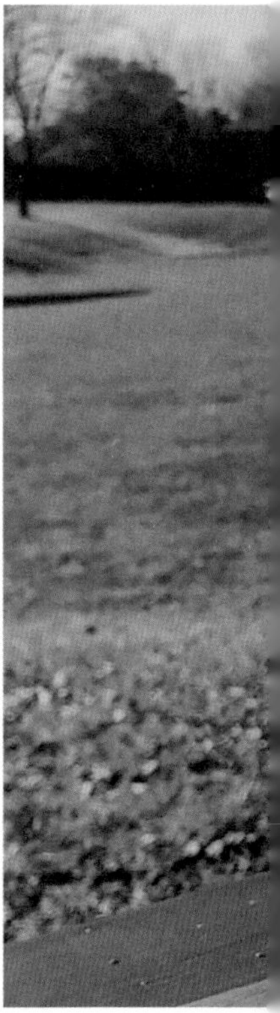
(Photo / Chan Wai Hong@Toronto)

喝咖啡、喝下午茶，食件餅或三文治已有點公式化，有時我會提議不如去吃百吉圈（Bagels），但出乎意料，我發現原來很多朋友竟從未吃過，有些還說好甜，以為我說的是甜甜圈（Donuts），其實百吉圈跟甜甜圈是兩回事，兩者除了外形上有點類似，都是個圓圈，但卻毫無關連。簡單來說兩者的製作方法不同，甜甜圈是油炸麵包，是用熱油炸出來，而百吉圈則是烘烤的包，要先用水煮，然後再烤出來；其次是口感不一樣，甜甜圈一般都較鬆軟，外酥裡嫩，百吉圈則紮實很多，很有嚼勁。兩者吃法也不同，甜甜圈大部分是甜吃，上面會有配料（Toppings），如朱古力醬、糖霜等。百吉圈可整個吃，也可像吃三文治夾自己喜愛的餡料，或當漢堡包，中間切開塗醬或夾配料吃。

記得首次吃百吉圈是在七十年代初，我在美加遊蕩度日，常常喝咖啡吃百吉圈，那年代的百吉圈簡單粗糙，就像我們日常去茶餐廳喝奶茶吃個菠蘿包，當年住西岸，百吉圈仍未算很流行，主要是風行於東岸一帶，尤其在紐約，猶太人以此為「生命麵包」，不可一日無百吉圈。很多人想當然以為此乃猶太包自然來自以色列，但其實正確應該是來自波蘭，據說在一六八三年，一位維也納的猶太裔麵包師為了感謝波蘭戰勝土耳其，解救奧地利，便用經發酵的麵糰，做出馬蹬形的圈餅，獻給愛騎馬的波蘭國王，自始這種猶太圈餅就叫百吉圈，在歐洲流行起來。到一八八〇年，大量猶太裔移民去美國，在紐約定居，也將百吉圈帶到紐約。自此在那處開枝散葉，成為紐約早餐的代表性食物。

百吉圈的名堂很多，有叫百吉餅、百吉包，台灣叫貝果，音譯自 Bagels。百吉圈主要在歐美受歡迎，其中有人認為這算是健康包，因為低脂、低膽固醇、低發酵，當然也要看配搭的是甚麼餡料。在北美地區，百吉圈分成兩大流派，主鹹味的美國紐約派和主甜味的加拿大滿地可派，兩者的形狀有些分別，紐約式的較大個，中間的洞較小，感覺上紐約包較煙韌，加拿大的較硬和嬌小；紐約百吉圈的麵糰中會加入鹽和麥芽，滿地可百吉圈會在麵糰中加入蜂蜜、蛋，和在焗烤前燙蜜糖水，所以有甜味。

加拿大百吉圈較少花巧，多是 Flat Bagels，配料多為罌粟籽和芝麻，多喜歡原味撕開吃，較少用來做三文治。

(Photo / Chan Wai Hong@Toronto)

百吉圈配抹醬在紐約是相當流行的吃法，有時還會搭配鹹香味濃的煙三文魚。

(Photo / Chan Wai Hong@Toronto)

相對花樣多端的紐約派，傳統的滿地可風百吉圈種類較狹窄，配料主要為罌粟籽和芝麻。吃時不會切開做夾餡三文治，多用手撕開吃，最多沾原味奶油芝士。

至於誰更好味？則見仁見智，這問題已爭拗了幾十年，各有擁躉，我沒特別取向，反正以手工製作，用好材料烘烤的我就喜歡。現在的百吉圈已有很多配搭，外層口味也有很多，像芝麻、蒜蓉、洋蔥、肉桂、黑芝麻等。一般紐約派的會平切開邊，塗奶油芝士來吃，也有塗果醬、藍莓醬、朱古力醬、蜜糖、牛油、花生醬等，又會夾生菜、番茄、煙肉、牛肉、雞肉、三文魚甚至西班牙火腿等，就像吃三文治一樣，口味千變萬化；但滿地可派的較細小，多撕開便直接吃不須

百吉圈口感煙韌有嚼勁，本身有很多不同口味，不須牛油，低糖低鹽，是不錯的健康麵包。
(Photo / Chan Wai Hong@Toronto)

放任何餡料。在日本，花樣就更多，甚至有人混合山葵醬吃，可能他們甚麼口味都試過，如果抹茶能成糕點、麵包口味，當然山葵也可以，想起都有點怪。

這包其實很有個性，是那種愛恨分明的麵包，令愛的人無法自拔會吃上癮，不愛的怕用牙力，連吃它都覺得累。在百吉圈的世界，大概可用六個詞去概括一個百吉圈，是脆口、嚼勁、光滑、硬度、密度和結實。百吉圈最大特色是將經過發酵的麵糰，揉成圈形，在烘焙前先放在沸水裡略燙過，不管是紐約派或滿地可派，兩種百吉圈同樣會在烤焗前用沸水燙一分鐘，以達致外脆內軟的質感，如時間太短上色便不足，超時表面便會皺，烤完就不光滑，所以都頗講究技術。完美的手工烘焙，會有深褐色表皮，外皮烤得有點硬脆，裡面的麵包味道會特別濃，質地煙韌紮實很有嚼勁，吃起來帶有淡淡的香甜味。

兩個派別在做法上最大的分別是，傳統滿地可百吉圈會先用沸騰的蜜糖水燙麵糰，然後更會用木炭爐烤焗，所以口感比一般只燙清水和用焗爐的紐約風外皮更硬、更脆，密度也較高，味道亦因燙過蜜糖水而比紐約風甜。我一直較喜歡紐約百吉圈，可能味道較多樣和普遍，但後來吃過滿地可的就愈來愈喜歡，應該是那種煙煙韌韌的口感和味道，給我更樸實的感覺，還有是相對難買到，不如紐約百吉圈般普遍。

幾年前，百吉圈在紐約又再大熱，這次是被 Instagram（IG）炒熱，一款在 IG 上率先曝光，立即風靡全球的彩虹百吉圈，已熱到了供不應求的地步。原本來自紐約布魯克林的百吉圈餅店，創造出彩虹百吉圈，被稱為世界上最美的百吉圈，其實不外乎七彩繽紛、顏色奪目，將成堆搓成七彩的麵糰切成片狀，再捲成類似條狀的繩子，頭尾相連成圓形，即放入焗爐焗成彩虹百吉圈。彩虹色的食物易給人一種很夢幻、有着童話幸福的感覺，這款百吉圈不單外表漂亮，而且口感夠香甜，是眾甜食控的新寵，這彩虹百吉圈目前已相繼在各地流行，且看這次能否風靡到香港。

一很多賣百吉圈的商店，喜歡將出爐的百吉圈掛上吊架，方便提取。

最近有朋友徵詢我有關開咖啡店的事，我建議不如考慮開間百吉圈店（Bagel Café），他怕冷門，我說主要是看地點和對象。我世姪主理一間類似性質的小店，在中環的橫街窄巷，生意很好，出品也好，早成為了我的秘店，我也分別帶過馬龍、王澤、阿B等老友去吃百吉圈，獲得一致好評，像此類型的小咖啡店有如鳳毛麟角，一般寧願跟風去賣潮茶。相對滿街充斥着的賣茶店，百吉圈不錯是較慢熱，在香港始終很小眾，我不知是否口味問題，一般年輕人仍沉醉着吃梳乎厘班戟、抹茶蛋卷、牛角包之類，百吉圈始終過門不入；但在日本，百吉圈早已風行，現台灣叫貝果的也紅了，且看下回百吉圈能否在此地冒出頭。

日本有許多舉世知名的小小咖啡店，很多以偷閒舒適著稱，我在日本時每天都去喝咖啡，別人蒲吧我則蒲咖啡店，有時一天去幾次。最喜歡到處發掘些無名小店，大店名店我反而沒甚麼感覺，尤其是那些大型連鎖店，都是千篇一律、不外如是，小店反而常常會有驚喜。每次見到有特色的小咖啡店，腳步自然帶着我去，有點身不由己。假如在天涯海角發現到一間別具特色的小咖啡店，那就更令人喜出望外。

有一間間隱藏在北海道角落的小咖啡屋，遠在北海道南部富良野一處叫落合的地方，這小木屋隱藏在樹林一角，非常寧靜，旁邊有條小河，地點不太好找，差一點就會錯過，自駕遊最好先和店主溝通好行車路線。小店入口處已很吸引，很有個性像個鳥巢很可愛，光看外表已自動加分。內部裝修簡單溫馨，只得三兩張小枱，樸實自然很有回家的感覺，坐在靠窗的長枱，可邊欣賞大自然景色邊嘆咖啡，在這裡吃早餐特別寫意。原來這家店每天七點已開店營業，可能半夜已開始做百吉圈，每天賣完就關門，有個麵包架放着新鮮出爐的包點，每次出爐的數量不多，都是採用北海道小麥原材料和天然酵母製作的，主要分四種不同材料做，大部分出爐的是不同的百吉圈，還有其他麵包及小點，滿室都是麵包香。我奇怪在這麼偏遠的地方，還要在七點開門營業，下午賣完便收工，究竟誰會這麼早光顧？簡直不可思議。一間隱秘在杳無人煙的山腳的小屋，竟有自家製全天然美味的百吉圈，置身其中你會有另一種出世的感覺，能發掘隱世的小天地，是種樂趣也是享受，加上有景有色有美食，真的夫復何求？

相關資訊

Fortune Bagels
地址 / 〒 079-2551 北海道空知郡南富良野町落合
電話 / +81 167-53-2525

1｜Fortune Bagels 當然以賣百吉圈為主，每個百吉圈都被烤得充滿色澤，出爐放上三層的小木櫥櫃，很快就被搶購一空。

2｜Fortune Bagels 木屋外觀以白色為主，位處大自然環境，附近有山有河。

3｜Fortune Bagels 的小木屋很有個性，入口像個鳥巢。

4｜店內裝修簡潔，只得兩三張桌子，很多人以傳真或電子郵件方式訂購 Bagels。

(All Photos / Fortune Bagels)

十三

我愛上三藩市酸包
可能是種情意結，
因三藩市是我最早認識和
嚐到酸包的地方。
回想六十年代我初訪三藩市，
那是個偉大的年代。

(Photo / Jing Situ@San Francisco)

酸種麵包情意結

我頗喜歡吃麵包，我是指優質的麵包，尤其是酸包。每次經過好的麵包店，都禁不住會入內看看有沒有酸包，做酸包的店不多，一般都是歐式酸包尤其是法國酸包，反而做三藩市酸包的很少，而且一般都做得甚普通，不像真的三藩市酸包的味道，也不那麼有性格。我覺得料理是否好吃，豐厚度非常重要，麵包也一樣，美國三藩市酸包（Sourdough Bread）以此馳名，吃的時候會聞到濃烈的酸味，嚐起來卻沒那麼酸，撕開麵包放嘴裡，可體會到多層次的味蕾感受。

酸包好吃的秘訣在於酸種，酸種（Sourdough）是空氣中的酵母菌、麵粉和水混合後形成的活酵母麵糰，天然老酸種做出來的麵包別有風味，所以酸種愈老愈珍貴，使我想起像潮州陳年

「滷水膽」也是個寶。據聞以前出名的滷汁都是祖傳，通常是一大桶足足半個人高，浸過無數的鵝，烏黑發亮香濃無比，一大桶滷汁匯集了幾代人的心血，像陳酒、陳醋，愈陳舊愈珍貴，不是錢可以買到的。像在加拿大西北部的一個偏遠的地方叫育空（Yukon），當地有位八十多歲的老太太便珍藏着自曾祖父傳下來的酸種，足有一百二十年歷史，混合了天然酵母菌和細菌的老麵糰仍在不斷變化，平時要「餵」它水和麵粉，每次使用時更要加倍小心，避免不慎把擁有百年價值的老麵糰用盡，一個百年傳承下來的老酸種有的就是時間的味道。

製作野生天然酵母可說是一門很高深的「微生物學」，酵母當然是微生物的一種，其實沒甚麼奧秘，只是需要像養寵物般用心去養，你可說酵母有生命，是兼具動物和植物特性的微生物。說像動物，是因為要吃東西，沒食物會餓死。說像植物，乃因遇上惡劣環境，可以靠孢子去保護自己，直到環境適合，生命自然會重現，繼續繁殖。麵包師會不惜代價付出漫長的時間，讓麵包返璞歸真，尋回最原始的麵包香，但考慮到時間與成本等問題，今天的麵包師大多早已改用商業酵母替代。現在除了個別名店或麵包匠人才會精心「種菌」去追求完美。一些名店的母酸種，是把提子浸水發酵十日，然後將五十毫升發酵水混合五十克麵粉，等二十四小時後起泡，之後每天以同等重量的水和麵粉各半餵養，待酸種較為成熟後，再改以每十二小時餵養一次，最少等待五到七天，母酸種才會成形，步驟與工夫頗繁複。

還有一些有關小麥粉的冷知識可分享，雖然小麥粉成分不外乎澱粉和蛋白質，但在研磨後所產生的不同粉類就有不同特性。法國人對小麥粉的分類，是基於小麥粉所含的「灰分」，大致分成六類；「灰分」就是小麥麩皮，也即我們一般叫的麥皮，其中所含的礦物質成分，即麩皮裡的雜質。法國人根據灰分含量，用數字的大小，來限定麵粉的形態，如 T45/T55/T65/T80/T110/T150。T後面的數字愈小，灰分愈多，表示精製程度愈高，麵粉的顏色也愈白，反之T後面的數字愈大，則表示精製程度愈低，麵粉的顏色也相對較深。比如用法國 T55 和 T65 麵粉所烤出來的麵包，皮會較厚，口感較硬，而麥香也更濃郁。

麵粉的質感會直接影響成品的口感、結構和形態。法國的麵粉比較有個性，作為歐洲第一大農業生產國，自然對麵粉的分類也有自己的一套體系，和日本的麵粉比較，操作難度更高；法國麵粉的筋性比日本麵粉來得高，搓揉過程比較吃力，在不同季節生產、不同批次的法國麵粉，即使是同款，麵粉的特質也會起很大變化。

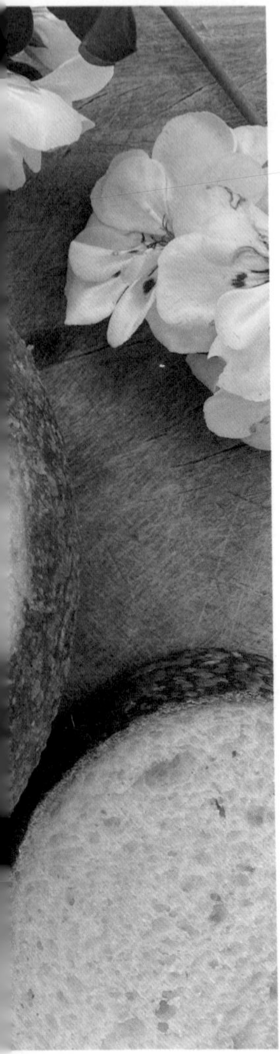

麵粉有分無筋、低筋、中筋、高筋甚至特高筋。無筋麵粉（Wheat Flour）也叫澄粉，是不含麵筋的麵粉，加入熱水糊化後，可用於製作粉皮、蝦餃、水晶餃這類港式點心，煮熟後內餡看起來若隱若現，外皮晶瑩剔透。低筋麵粉，即 Cake Flour，日本叫薄力粉，蛋白質含量在百分之七至百分之九，筋性較低，適合製作蛋糕或餅乾。中筋粉即 All Purpose Flour，日本叫中力粉，蛋白質的含量在百分之九至百分之十二左右，用途最廣，多用於製作中式包點、麵條或餃子皮等，甚至西式糕點都可以。高筋粉則是 Bread Flour，日本叫強力粉，蛋白質含質在百分之十二點五至百分之十三，平時吃的麵包、薄餅等便是用高筋粉製作。另外還有一種叫特高筋麵粉，用來製作更講究的麵包。

世界各地都有不同的酸包，美國人自然以三藩市的酸包為傲，他們認為這才算是傳統酸包，但法國人怎麼會認同，他們覺得美國天然酸種麵包過酸，不夠優雅，缺乏細緻的口味變化，法式

——三藩市酸包與法國酸包很不同，法國人覺得過酸，但美國人認為這樣才夠個性，尤其盛着熱周打湯，感覺獨一無二。

(Photo / Jing Situ@San Francisco)

天然酸種麵包講究的是平衡，不能讓任何一種口味喧賓奪主，掩蓋其他含蓄的風味層次。我是世界人，只懂好吃不好吃，假如你碰上意大利人就更煩，他們必認為自己的酸包才美味，傳統意大利酸包用意大利黑醋與初榨橄欖油按一比三的比例調配，再加一點點海鹽調味，他們認為酸包要沾上黑醋、橄欖油才算完美。

一般提起法國麵包，自然會想到那象徵性的長棍包（Baguette），可能因為太深入民心，令長棍包好像是唯一的法包，其實長棍包在二十世紀後才普及化，在過去頗長的時間裡，法國人最常吃的就是法式天然酸種麵包。這種麵包通常較大個，在法國可買四分之一，吃前才切片為佳，始終新鮮麵包的香氣口感最佳，若吃不完，可密封於塑膠袋中冷凍保存，但不宜久藏，直接接觸寒冷環境會使麵包逐漸失水乾掉。法式的酸種麵包採用百分之百天然原料，無人工添加物，高纖、無油、無糖，還很美味，是健康食物。由於略帶酸香，法式酸種麵包也比長棍包更合適搭配法國傳統醬汁菜餚，如白豆燉肉、紅酒燉牛肉之類，跟芝士、香腸、火腿等凍肉也是絕配，不過我較喜歡原汁原味，單塗牛油或果醬已很好味，不會失掉其特別的酸味。

Boudin Bakery 以招牌酸種麵包加入蛤蜊周打濃湯的「Soup in a Bread Bowl」最為出名。

(Photo / Connie Wong@San Francisco)

我愛上三藩市酸包可能是種情意結，因三藩市是我最早認識和嚐到酸包的地方。回想六十年代我初訪三藩市，那是個偉大的年代，「花的孩子」（即嬉皮士文化運動）在那處揭起序幕，那場運動衝擊了世界，也出了不少極具影響力的大人物，其中有一位年輕人，當時也是在三藩市投入這場運動，他因為一句說話而得到啓發，從此所作所為影響了世界，那句話叫「Stay Hungry, Stay Foolish」，那位年輕人叫 喬布斯（Steve Jobs），相信大家都知道他之後做了甚麼，和影響世界多麼深遠。

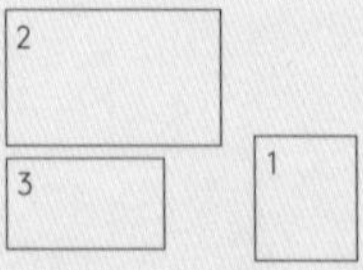

1 — 酸種包的特色在於味道和麵包的質感，光看表面布滿大小洞孔，加上散發着濃烈且帶點酸味的麵包香，已引起無限的食慾。

2 — 開在三藩市的 Boudin Bakery，其旗艦店十分顯眼，且設有導賞遊，很受旅客歡迎。

3 — 酸種包對港人而言仍較陌生，只得幾間店有自設烤房和培植酸種製作麵包，大部分只以商業酵母製作。Paper Stone Bakery 是本港其中一間較專業的酸包店。

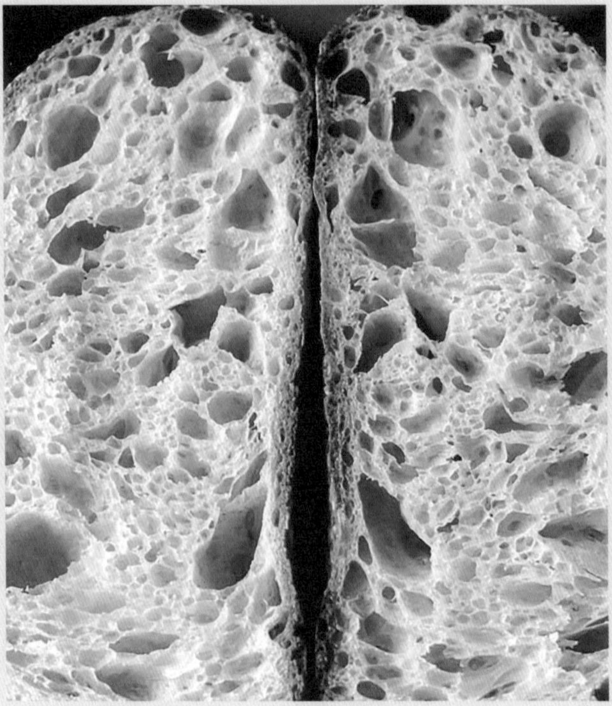

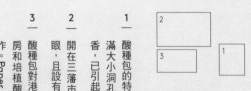

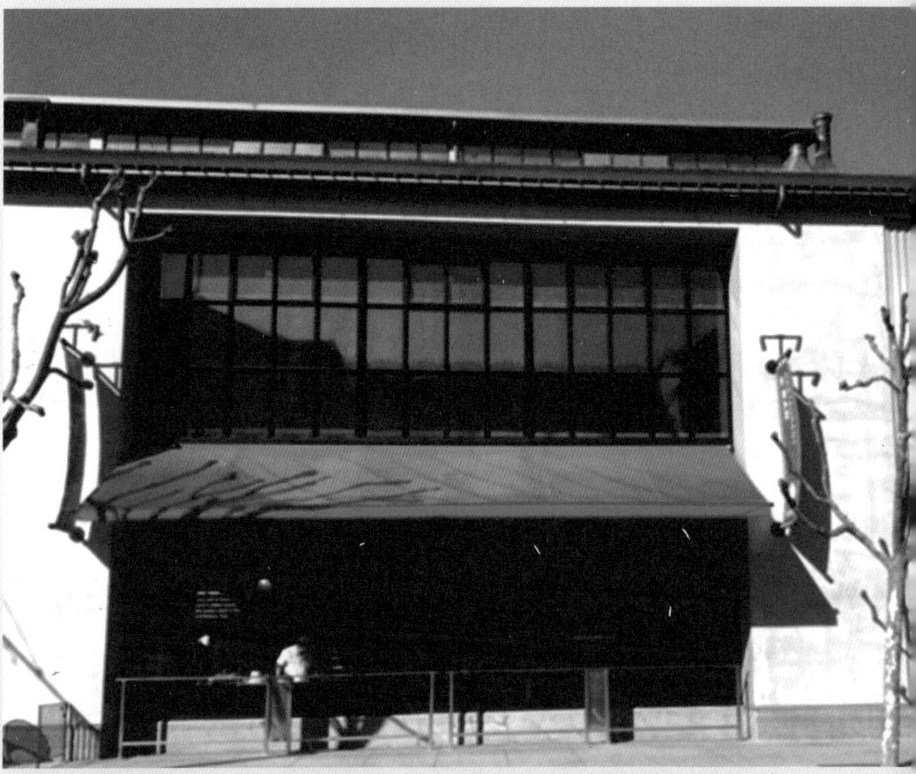

(Photo / Richard Wong @ San Francisco)

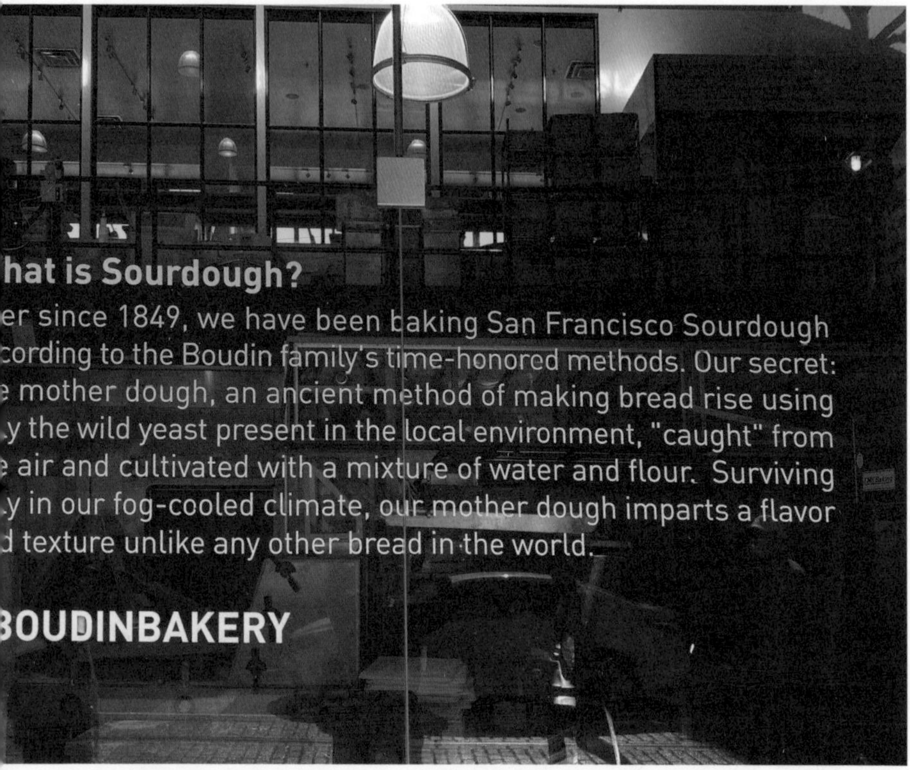
hat is Sourdough?
er since 1849, we have been baking San Francisco Sourdough
cording to the Boudin family's time-honored methods. Our secret:
mother dough, an ancient method of making bread rise using
y the wild yeast present in the local environment, "caught" from
air and cultivated with a mixture of water and flour. Surviving
y in our fog-cooled climate, our mother dough imparts a flavor
texture unlike any other bread in the world.
OUDINBAKERY

那年，由世界各地湧往三藩市的年輕人都受到時代的衝擊。想不到吃慣菠蘿包的我竟然也受到了酸包的衝擊，那天漫步到北濱的漁人碼頭，是第一次遇上酸包，從沒想過麵包可以是這種味道。

漁人碼頭名聞世界，靠着太平洋每天都有漁船帶回新鮮漁獲，這裡幾乎每間店都在賣跟海鮮有關的食物，是當地最繁忙的旅遊區，到處可見各類型紀念品商店、賣螃蟹及各種海鮮的攤檔，酸包碗盛着的蛤蜊濃湯無處不在，海灣、金門大橋、惡魔島的明信片也到處可見，還常常可以

在漁人碼頭附近的 Boudin Bakery，於一八四九年在三藩市開業，是當地最有名氣的酸包店，在加州擁有多間分店。
(Photo / Richard Wong@San Francisco)

看到一些海獅大模大樣地在曬太陽。

三藩市灣區有很多賣酸包的店，但以擁有百年歷史的 Boudin Bakery 最有名，旅客到三藩市最想朝聖的，就是這間酸包店，這裡經常會大排長龍。據記載，在一八四九年，一名法國勃艮第麵包師傅 Isidore Boudin，隨着淘金熱潮來到加州，由此把酸麵糰帶進來，並設立了這間麵包店，成為舊金山中經營最久的麵包店。它的蜆肉周打湯被人描述成「美味到無朋友」，「識食」的一定配酸包碗，麵包很有嚼勁，韌度十足也份量十足，浸在蜆肉周打湯裡享用倍覺鮮美，周打湯柔滑濃郁，當年的我深受味蕾衝擊，每次到三藩市例必來碗酸包碗蜆肉周打湯，樂此不疲。漁人碼頭是個有趣的景點，但如果缺了這個酸包碗周打湯就肯定失色，這已成為一種象徵，其實是在吃情懷，大時代的感覺歷歷在目，那份熱血彷彿又再湧上心頭。

我最早認識及吃伊比利豬
是在八十年代，
當年受邀前往菲律賓
替 Ibérico 拍了系列廣告，
由於對這種食材陌生，
要惡補這名火腿知識之餘，
亦飽嚐伊比利豬火腿之美味。

會走路的橄欖樹

叉燒似乎已變種變質，很多名店或五星級酒店都喜歡以更名貴的豬肉去做叉燒，是否更好吃，那就見仁見智，但起碼價錢可以貴很多。麗思卡爾頓酒店的天龍軒在二〇一一年首度登場率先推出蜜燒西班牙黑毛豬叉燒，賣一百八十元八件，當時是全港最貴，據說貴在每邊豬肩肉只夠做一碟叉燒，一隻黑毛豬就只能做兩碟。這叉燒未吃已先聲奪人，我好奇試試卻沒被感動，反而有點「肉赤」。今天在星級飯堂吃客黑毛豬已動輒收三百元幾塊肉，連六國酒店的粵軒，自二〇一六年首推「黯然銷魂飯」到今天已升級成為3.0終極套餐，每位承惠三百三十八元，可謂最貴的一碗叉燒飯。我對外國豬完全沒偏見，更認為貴得有理，正如吃霜降和牛當然與吃一般牛肉有很大分別。不過，用傳統靚豬肉燒出傳統的靚叉燒會帶給我更貼地的快感。

日本鹿兒島也有名種六白黑豬，肉質粉紅有細膩油花，可用來做涮涮鍋，甚至炸豬扒都味道鮮美。

可能受先入為主的口感影響，我始終覺得食材如果跟隨原來的味道呈現會更真實，所以吃日本豬排，當然吃鹿兒島六白豬更美味。我在日本吃過兩種豬都可算是極品，一種是沖繩島的阿古豬，原本是生產量很少的豬，明治時代為了提高產量，跟西洋混種，讓白母豬和黑公豬交配，生出像熊貓一樣有黑色斑點的豬，繼承原來的血統，改良出適合養殖、肥嫩美味的黑豬，即現阿古豬的原種。沖繩到處可見標榜賣「阿古豬」的食店，同樣叫阿古豬，但在日文標示片假名的「アグー」，指的是原始純種黑毛豬，而平假名的「あぐー」指的是混種白毛黑斑點豬。阿古豬的油脂溶解溫度比一般豬更低，油脂很快能融化，頓時香味四溢，特別適合作烤肉食材。

另一種叫六白黑豬，產自鹿兒島，約四百年前，這種黑豬從琉球，即今天的沖繩傳入，從明治時代起，和英國巴克夏豬混種，改良成新品種，全身黑色，唯獨四肢、鼻子和尾巴六個部分有白斑，憨態可掬，故稱「六白」。由於繁殖率低，鹿兒島六白黑豬的產量不多，正宗六白黑豬以放牧的形式飼養，並在飼料中添加鹿兒島特產的紫甘薯，並以甘薯藤葉為輔食。六白黑豬的脂肪熔點比其他的豬肉高，筋纖維較細，吃起來口感好有咬頭，油脂甘甜肉嫩味美，故評價很高，被視為矜貴的品種，並成為全球食客追捧的頂級食材。

過去鹿兒島的黑豬都有異國基因，日本人自上世紀七十年代就開始改良鹿兒島黑豬，如今鹿兒島已成功培育出「薩摩」、「新薩摩」與「薩摩二〇〇一」三大品系。鹿兒島人希望培育出完全純正的薩摩黑豬，保持該品種黑豬肉的原粹美味，讓肉質更自然透出清甜，例如「六白」一般拿來做涮涮鍋，可欣賞其誘人的粉紅色澤與細膩的油花，我發覺用來做炸豬扒都極美味。

八十年代初，我受邀往菲律賓拍攝 Ibérico 的廣告，是首次接觸這西班牙國寶級食材。也許因先入為主，從此認定 Jamón Ibérico 是風乾火腿中之極品。

號稱豬肉中黑毛和牛的匈牙利羊毛豬，是一種罕見的「披着綿羊皮」的豬。驟眼看毛跟綿羊一樣，會誤以為是綿羊，但嘴和蹄則跟豬一樣，屬歐洲瀕危地方品種，又稱曼加利察豬（Mangalitsa）。這種豬原產於匈牙利、奧地利和巴爾幹半島一帶。名字的意思是「油花豬」，特色是全身瘦肉少，脂肪比一般豬多上一兩倍，就像神戶牛排一樣，烹調後入口即化，是做火腿、香腸的上等豬肉，西班牙人還發現該種豬的後腿可用來加工生產著名的塞拉諾火腿（Serrano Ham）。就連半島酒店嘉麟樓也看中這匈牙利羊毛豬，用其梅頭肉製成招牌菜「果木煙熏匈牙利鬈毛豬叉燒」，還在烤爐中加入荔枝木或蘋果木燻製，令叉燒散

風乾火腿的品種很多，購買前最好先了解來源及品牌背景，有些包裝會列明時間產地。若不清楚最好不買。

發出淡淡的煙燻清香。

匈牙利羊毛豬的肉富含不飽和脂肪酸，膽固醇的含量也比其他品種低。這種豬在肥育階段之前，採用放牧手段進行飼養。因而生長到五十至七十公斤時，能夠具備強壯的骨骼，承受最終的體重。

除了豬肉，還有火腿。西班牙最出名的火腿是黑毛豬火腿（Iberian Ham），吃黑毛豬火腿時，最好的方法便是不配任何醬料及食物，直接放入口更原汁原味。因為相比以白皮豬製成的巴馬火腿，黑毛豬長期以橡果飼養，火腿在醃製的過程中也只用了極少的海鹽，因此肉味只會香濃，而不會

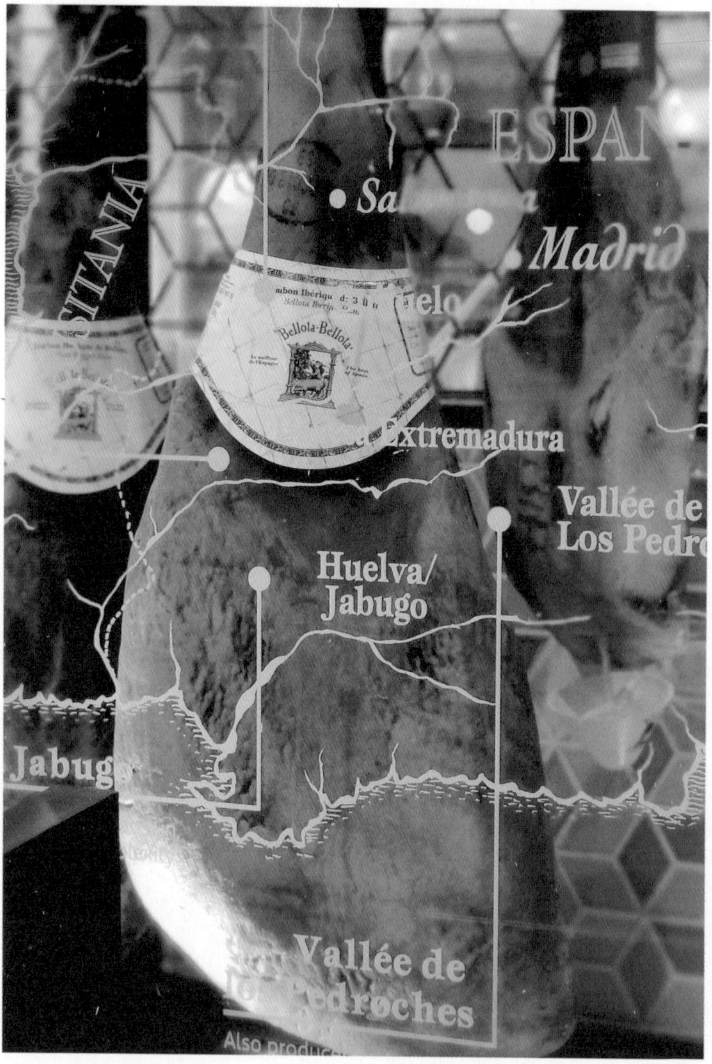

——好火腿有嚴格規管，每隻腿都有記號，分不同工序醃製，分不同房間窖藏，這都有紀錄的。

鹹，不需要水果來平衡鹹度。

而意大利最有名氣便是巴馬火腿（Parma Ham），但兩者不同級數也互不相干。如果講風乾火腿，多數港人會自然想到的是巴馬火腿，甚至混淆風乾火腿，以為是同一東西，就是捲蜜瓜吃的火腿，但其實巴馬火腿只是眾多風乾火腿之一，不是最高級但卻最廣為人知，就是因為捲蜜瓜。

意大利不同地方也有生產以鹽醃製的風乾火腿，但不是所有風乾火腿都能叫巴馬火腿。巴馬火腿之名受歐盟的規範，只有在該地區生產，用特定材料及製法，才可稱為巴馬火腿。巴馬氣候適合風乾火腿，當地人一般都會將火腿風乾及窖藏達十個月，分幾重工序醃製，工廠內有不同房間窖藏不同風乾時間的火腿，每隻都經過嚴格挑選，去除不需要的部分以防變壞，每隻火腿都有記號，有嚴格規管。一隻好火腿，應該帶淡紅色，有雲石般的脂肪紋理，入口綿滑，易溶解釋出鹹香。

懂吃火腿自然以西班牙黑毛豬為上品，其中伊比利豬更是西班牙國寶級食材，被譽為「世界上最好吃的豬肉」。我最早認識及吃伊比利豬是在八十年代，當年受邀前往菲律賓替 Ibérico 拍系列廣告，由於對這食材陌生，要惡補這名火腿知識之餘，亦飽嚐伊比利豬火腿之美味。

伊比利豬生長於西班牙南部，血緣與野豬相近，經過千年來的混種，和地中海獨特氣候加上特殊飼養方式，使其生長成最尊貴的豬種。正宗的伊比利豬從小便放養野外，吃野草、香草及橄欖等長大，到了八至十個月踏入肥育期時，更大量進食橡實，據聞伊比利豬約要吃十公斤的橡實才會增加一公斤的重量，一公頃面積的橡樹林，只可以放牧約十五頭豬。由於主食橡實，其肉帶有獨特的核果香味，脂肪成分與橄欖油類似，百分之五十至五十八為健康的不飽和脂肪酸，如果將伊比利豬肉中的白色油脂放在手中揉搓，脂肪很快就會融化。因此伊比利豬又被稱為「會走路的橄欖樹」。

伊比利豬肉與其他品種豬肉不同之處，是依肥育方式建立豬肉等級，由低到高分為 Cebo、Recebo、Bellota 三個等級。聞說在二〇一三年後已取消了 Recebo 的等級，除了目前庫存的豬肉，就吃不到這個等級了，以後僅以 Cebo 和 Bellota 做區分。Cebo 級的伊比利豬是以完全吃穀物飼料的肥育方式飼養；Recebo 則是養了一定的時間後，才送到橡樹林裡放牧，之後仍餵食穀類飼料；而 Bellota 放牧橡樹林，豬超過一半的重量都來自吃橡實轉變而成的脂肪，滑潤無臭帶獨特榛果香氣。

由於伊比利豬有野豬血統，肉質較結實，肉味也較濃，豬身各部分都是入饌佳品，其腿部用於醃製極品火腿 Jamón Ibérico，這種火腿遍布油花，肉味甘美香甜，口感細膩入口即化，釋出濃郁的榛果香氣直衝閣下味蕾。不過市面 A 貨亦不少，很多食店以平價火腿肉充當上等貨，為免上當，最好先了解一下西班牙火腿的種類及原產地才好買。

買好火腿並非熟成愈久愈好，其中頗有學問，真空包裝的風乾火腿，在包裝上記載的資料愈詳盡愈好，尤其是伊比利亞豬的血統比例、飼料及熟成時間，從資料中可估計到其口味如何。一般食客對牛的認識較普遍，多五花八門及產地繁多，食味也多姿多彩，其實豬肉也毫不遜色，學問同樣多得很。別以為吃霜降和牛才「肉痛」，吃高級的火腿可能令你更加大出血！

FOOD
食物

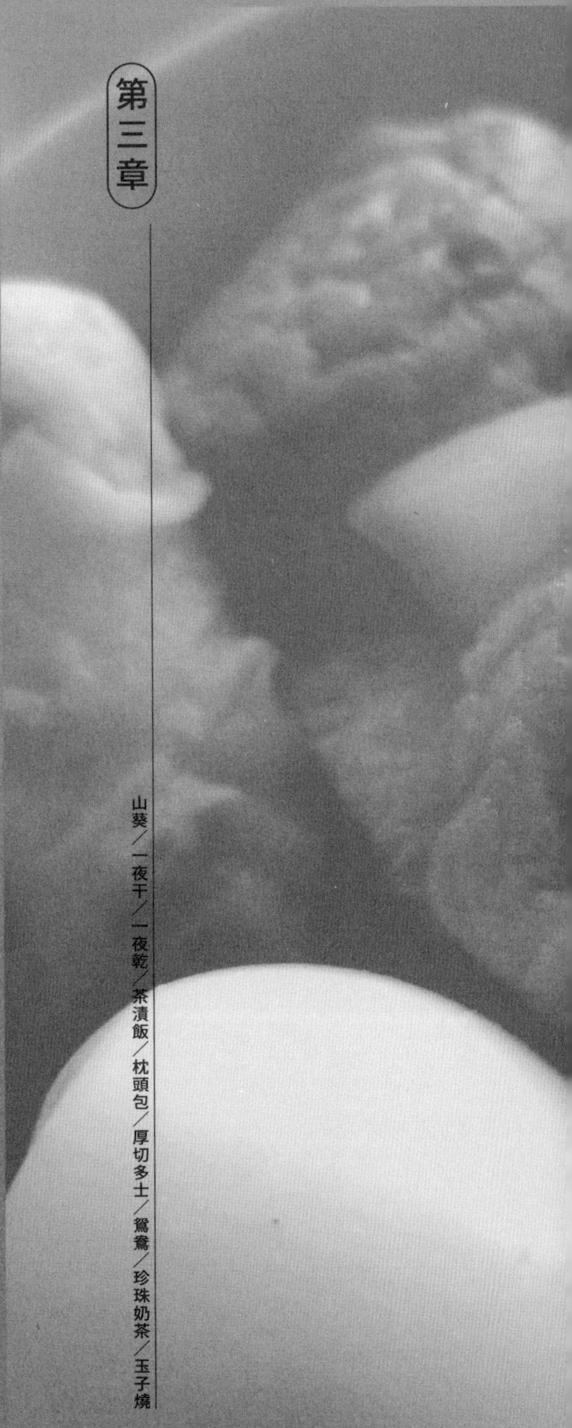

第三章

山葵／一夜干／一夜乾／茶漬飯／枕頭包／厚切多士／鴛鴦／珍珠奶茶／玉子燒

不只是食物

每個人都有自己懷念和熟悉的味道，即使最平凡簡單的食物，也可成為慰藉心靈的美味，都可以充滿故事，而味道往往成為難忘的回憶。人生的悲歡離合，猶如食物中的甜酸苦辣，在香味裊裊暖意間，交織成無數小故事，原來最好的食物也就是回憶，人生百味盡在其中。

十五

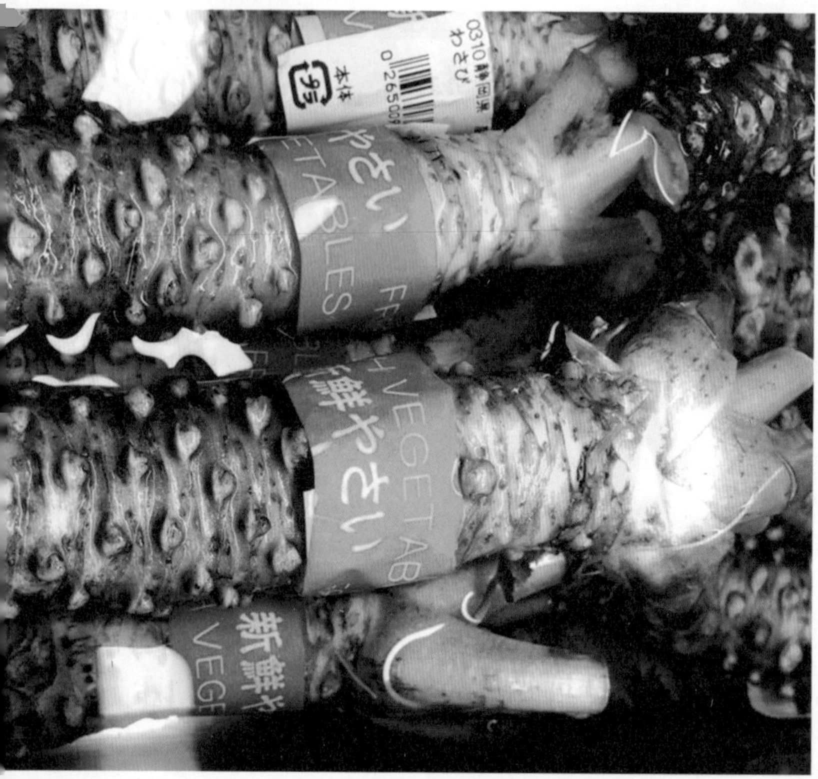

市面上百分之九十九的山葵
都是「山寨」山葵，
多數不過是用有山葵味的化學品，
混薯粉、混山葵粉
或用辣根加綠色食用色素
而成的仿製品，
總之就不是真正的天然山葵。

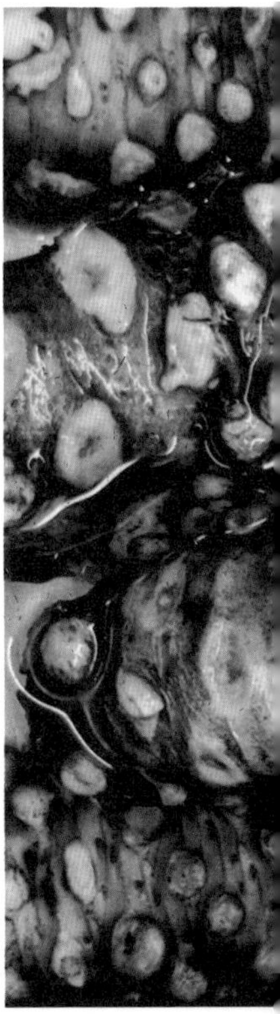

(Photo / Take Nishina)

被誤導了的山葵

我發覺這麼多年，很多人被獎門人（編按：指遊戲節目獎門人系列）誤導，在遊戲節目中吃壽司，被所謂的山葵（わさび，Wasabi）嗆得死去活來，即使眼淚鼻水直流，還以頂得住那些勁辣為榮，漸漸誤信吃山葵以其辛辣刺鼻為最佳標準，忘記了究竟「味」為何物，當然也不會知道，到底山葵是甚麼？它的真正面目是怎樣的？

首先要搞清楚，坊間一般叫的山葵其實只是山葵醬或山葵膏，即是像支牙膏擠出來，放在豉油裡的那種，有些人更努力地將大量山葵醬和豉油攪混成醬汁，不管吃壽司或刺身都要浸一番才放入口。相信初嚐壽司的都會經過這個階段，但不少人吃到今天依然繼續錯下去。一錯是將山葵醬大量放入豉油內撈勻；再錯是亂攪一通，還將整塊壽司撈醬汁才放入口，這種吃法在日本人眼中「嘆為觀止」。

究竟錯在何處？嚴格來說，那根本就不是真正的山葵，可以說，市面上百分之九十九的山葵都是「山寨」山葵，多數不過是用有山葵味的化學品，混薯粉、混山葵粉或用辣根加綠色食用色素而成的仿製品，總之就不是真正的天然山葵。原因很簡單，真正的新鮮山葵，產量稀少而且價格高昂，多數的日式料理都只能用這種仿冒山葵來當調料，市面上山葵味的調味品比比皆是，當你了解天然山葵的來龍去脈及其價格，就明白大部分食店為何只能用山葵膏來調味，有些真山葵確實比你那件壽司還貴。

真正的野生山葵，有生長於山間清澈淺灘溪流的「澤山葵」，或稱「水山葵」；也有生長於田土中的「丘山葵」，或稱「畑山葵」，生長環境不同，品質差別亦天壤之別。種植於田地的

大王山葵農場是日本最大的山葵農場，環境幽美，部分公開給遊客遊覽。黑澤明電影《夢》也在此取景。

山葵較易大量生產，有資料顯示在日本國內，靜岡縣種植的水山葵面積最大，但產量最高的卻在長野，論品質，當屬水山葵最佳。如根據葉柄的顏色，可以將主流的山葵栽培品種分為赤莖和綠莖兩種，前者葉柄淡紅色，後者則為青綠色。著名的山葵栽培品種「真妻」（Mazuma）就屬於赤莖高檔貨，一千克售價往往高達兩萬多日圓。山葵之貴是有其因由，不易養護極難伺候，生長條件要求嚴苛。

天然野生山葵其實是生長於海拔一千三百至兩千五百米高寒山區，林蔭密布下的珍稀辛香植物，是一種在高海拔森林中生長的天然調味品。由於天然野生山葵的生長條件特殊、適宜種植的地方很有限，在國際市場上是極為珍貴的天然調味食品，價格高昂，市場上根本供不應求長期稀缺。現時大部分供應的只是人工培植的，即使如此也毫不容易，因為山葵終年生長在冰涼的深山溪谷中，夏季溫度要低於攝氏十六度，但冬季則需高於攝氏十度。此外，還要避免陽光直射，要長年生長在冷涼的環境中，稍高溫根莖便會腐爛，而且對水的要求很高，既要流動，水質也要清澈見底。諸多條件限制，若然有失，山葵就會長得不好，前功盡廢。作為食材的山葵不但口感獨特，據說還有豐富的營養成分，含有免疫調節作用和抗菌、抗癌、抗氧化等多種功能，難怪成為現今世上，其中一種具特殊食用的保健植物。

此外，種植山葵的土壤需為沙壤土、避免陽光直射等諸多條件，只要稍有缺失便會失收，生長周期極長，一根山葵長成需要幾年，對土地的消耗很大，收割完山葵的田，要休耕五年才能再種植，難怪會變成如此昂貴的食材。山葵在很多國家和地區都有種植，如在台灣，早於一九一四年便引種栽培於阿里山、太平山、鞍馬山等地，現在阿里山仍有種植山葵。若論品質始終以日本優勝。很多年前曾遊日本中部的長野縣，那處是全日本其中一個最重要的山葵種植基地，其中的大王山葵農場，佔地甚廣環境優美，種植山葵的歷史已超過百年，該處有個百年紀念館，又有農場茶寮神社。

——磨山葵要用三毫米厚的鯊魚皮實木磨板，以順時針方向打圈磨，才可釋出香味，清潤多汁。

(Photo / Take Nishina)

大王山葵農場是日本屈指可數的知名山葵產地，每年觀光客多達一百二十萬人次，是日本最大的山葵農場，使用北阿爾卑斯的融雪水來培育高級山葵，農場很大，有水車屋及遊覽步行道等完善設施，也曾是黑澤明電影《夢》之取景地。最難忘是在那處初嚐到山葵雪糕，竟出乎意料的好味道。

磨山葵不能隨便，選擇研磨山葵的磨板有一套學問，雖然市面上有各種合金屬或陶瓷製的磨板，但講究的大廚都會選用鯊魚皮製的鮫皮卸板。因鯊魚皮夠粗糙，表面遍布不規則的小坑，磨山葵時易保存汁液，留住山葵的清香。鮫皮卸板的級數，除看匠人的手藝，也看木材品質和鯊魚皮的厚度，要用天然植物膠將鯊魚皮黏緊在木板上，非常考工夫，即使在日本也極少匠人懂製作，所以每塊鮫皮卸板製成後，都會刻上工房的名號作標記，頂級的使用最少三毫米厚的鯊魚皮配天然實木，售價高昂但只能用半年左右。

大約三十年前，我和一位日本老友聊天，透露我想重拾寫作興趣，在搜集資料想寫本有關特別食具的書，當晚他招呼我到一間相熟的壽司店「廚師發辦」（編按：即おまかせ，指餐廳沒有菜單，由廚師推薦料理給客人），大廚聽我們聊天，興高采烈地送我一塊三毫米厚鯊魚皮的磨

日本料理不能缺山葵，尤其是高檔的刺身或壽司，都要用天然山葵去令食物錦上添花。

(Photo / Take Nishina)

板，還教我應怎樣去磨山葵才可磨出真味，他告訴我新鮮山葵要在食用時才研磨，吃多少磨多少，太早磨香氣便會過早揮發流失，不要上下式磨，要按順時針方向畫圓弧形，磨出粗顆粒的山葵泥，這樣才能夠釋出香味有更理想的效果。新鮮的山葵泥味道清香，濕潤多汁絕不辛辣，還示範應該怎樣去配壽司刺身。當晚我上了寶貴一課，那塊巧製的鮫皮卸板仍收藏在我的倉庫，可惜那本書仍未見天日，確有負他的心意。

事實上，到日本的食肆看看，不管吃真山葵或山葵醬，正宗吃法是搭配刺

審視一間到位的刺身或壽司店，看大廚是否選用真山葵便知級數，山葵要在食用時才磨，不能預早磨好備用，因香味瞬間便會消失。

(Photo / Take Nishina)

身一起吃，不會放在豉油裡攪拌，否則一瞬間味道就被破壞了。正確吃法應該是蘸一小撮山葵捲在生魚片裡面，然後夾起生魚片用另外一面蘸豉油，再把包着山葵的魚生放入口，不會讓豉油和山葵有直接的接觸。日廚告知切不可將山葵與豉油混合，只可放一點點山葵在刺身上，豉油要沾在另一面，才可帶出刺身的鮮味和豉油之甘醇，混合一起只會破壞山葵的味道。何謂之放一點，正確用量因食物而異。

低脂白肉魚用量較少，重油脂的紅肉用量較多。吃蕎麥麵也如是，若將山葵和湯混在一起，這也會破壞山葵的味道，應將山葵放在蕎麥麵上，然後將蕎麥麵稍微浸入湯中，以享受每種原料的風味，吃蕎麥麵後再吃山葵。

山葵除了主要配刺身海產外，也可用來配茶漬飯、蕎麥麵等，至於有山葵味的加工食品，早已遍地開花。

有人說，到一間料理店只要觀察一下他們是用甚麼調味料，便能大概猜到廚師是甚麼級別，高下立見。像有點份量的廚師才敢做「廚師發辦」，他們都必然會選用新鮮的天然山葵，都清楚新鮮研磨的山葵只有十五分鐘的保質時間，香味很快會消失，像失去靈魂，所以他們會不斷新鮮研磨，熟練地配上不同的肉去提升食味。新鮮山葵其實毫不嗆鼻辛辣，反而甘香黏稠，與食物混成一體，將味道發揮得淋漓盡致，會帶你的味蕾進入另一境界。有時我在想，山葵的性質不過像調味品，牡丹綠葉，如食物是牡丹，山葵角色只是綠葉，但它是塊不平凡的綠葉，有畫龍點睛的神效，如果牡丹缺了綠葉，這圖畫也很難完美。

十六

我喜逛日式超市，
通常會見到大堆干物和乾物，
花多眼亂別以為「干」、
「乾」只是簡繁之分，
其中有很大學問。

(Photo / ひもの万宝 Himono Manpou)

一夜干是否一夜乾

這段日子減少外出，終日在家已有點像閉關，幸而並非無所事事，我倒覺得頗充實，難得終日看書看碟整理資料，寫書畫圖研究飲飲食食又做做懶人運動，一天很快就過去，感覺像比之前更忙，這麼快又過一天。

一天到晚在家吃宜簡單方便快捷，但又不想失去味道，否則就了無生趣，其中有道食譜可與各位分享。朋友圈都知我喜愛日本菜，日式家常菜大都很簡單，其中有道叫一夜干，別以為只在居酒屋可見，有時吃日式早餐都會有。所謂一夜干不過是種燒魚，豐儉由人，即使吃平價小魚都可以很好味，沒有人叫你吃東星斑做早餐。

我見有人稱一夜干做一夜乾，此「乾」是否彼「干」似乎要搞清楚。在日本，干物（ひもの）與乾物（かんぶつ）是兩回事，干與乾最大的差別在於濕度，前者半脫水，後者全脫水，一夜干不是魚乾，更不是鹹魚。我喜逛日式超市，通常會見到大堆干物和乾物，花多眼亂別以為「干」、「乾」只是簡繁之分，其中有很大學問，干物家族遠比乾物龐大。干物可分成素干、鹽干、燒干、煮干、燻干等，泛指風乾前的處理，比如鹽干是以鹽水醃漬，處理一夜干便是鹽干的一種，煮干是先快煮一遍才干。無論哪種干物都只是一種處理技術，需要煮過才吃，至於那種口立濕如魚乾和魷魚乾等，便屬於乾物類。如干物是料理中的主角，那乾物只是零食，或用作熬湯作配料的配角，但都是日本料理的根基。

有傳一夜干源自日本北海道，以前漁民為保存過多的漁獲，將鮮魚浸泡於百分之二十的鹽水中，再掛於冷風中風乾一夜而成，一夜干鮮香而不柴，留住油脂豐腴甘甜。很多新鮮現宰的魚，體內的酸性未定，鮮甜味都蘊藏在魚肉內必然新鮮，卻未必是發揮食材美味的最佳時刻。而這種熟成工序，可適度地讓魚的鮮甜味釋出，才算是最美味的時刻。

醃製技巧也講究點工夫，要用優質海鹽仿海水的鹹度來醃魚，大約是八百毫升水，一湯匙鹽，約水鹽十比一的比例，將鹽度調至海水的味道，秘密是加片北海道羅臼昆布，再加小杯清酒，令味道更有層次，香味更加突出。把魚浸泡四十分鐘，取出用廚房紙印乾水分，再吊起來風乾，或用保鮮紙放雪櫃次日烤也可。燒出來的魚皮脆肉嫩，鹹度適中魚味鮮香還帶着淡淡的昆布味和酒香，試過返尋味。可惜深海靚魚實在難覓，可遇不可求，各位如呆在家不妨自製一夜干，日前我在某超市的日式魚檔竟買到條喜知次，大喜正好用來製作一夜干。自製一夜干不宜用太大條的魚，最好約六百克，如手掌般大較合適，若魚太大，沾不上鹹味，便失了一夜干的風味。

好的一夜干不光是燒烤工夫，之前的處理更考究，有很多程序，由劏魚開始已是一連串的學問，要徹底清理乾淨否則會腥，整條魚便壞掉。燒魚也非千篇一律，就像蒸魚多一分少一分已是不同口感，魚有大小，魚皮也有厚薄，像秋刀魚皮較薄，很快會燒到皮破肉柴而失去魚味，燒壞秋刀事小，如燒壞一條紅喉，你說多可惜。看烤魚已見工夫，最好用紀州備長炭文火烤，此炭乾淨純度高，燃燒持久，火力夠猛，不見火但見通紅的炭，這樣才可鎖住魚汁魚油不易流失。一些高級魚如金目鯛，烤時根本不須放油，魚表面的光澤就是魚肉本身的油。

在處理冰鮮魚的冷凍及解凍時要很小心，因魚肉組織較軟，在解凍過程中，營養素跟血水流失，蛋白質亦隨着慢慢起變化，如不斷解凍再冷凍又解凍就容易產生腥味破壞肉質，魚只會愈冰愈不新鮮。有些魚如紅喉，從表面很難看出好不好吃，通常選魚只看看魚眼，翻翻魚鰓及看魚身是否夠光澤，大概已看出新鮮度，而紅喉通常要在處理魚時才揭曉，如魚鱗易刮除、魚身摸上去結實不鬆散，切魚肉時有脆的感覺，充滿油脂自然是上佳的魚。

可吃的魚實在太多，每種都有不同的口感和味道，鮮魚更吃出不同的層次。一夜干不是千篇一律，不同季節吃不同旬物時鮮，自然帶來不同風味，如幸運能吃到海捕魚，鮮美更入口難忘。吃一夜干應多嚐不同的魚種，基本上大部分魚都可做一夜干，都有不同的口感和味道，選擇多不勝數，竹筴魚、鯖魚、金梭、花魚等都是日本鮮魚市場內的大路貨色，到處都可買到。一些高檔魚，尤其是在北海道一帶的，當地海域純淨無受污染，且微生物豐富，是知名海產的盛產地。不管是喉黑、紅喉、喜知次到金目鯛，這些在日本都屬高級魚種，你光顧料理店前最好查清楚價格，以免荷包大出血。價昂事出有因，這些屬底棲的魚類，產量日少兼捕獲艱難，多要到深海釣。如日本紅喉，需十至二十度水溫，一般在台灣及菲律賓深度約三百米左右的水域釣獲，一公斤的紅喉需十年的生長期，所以愈大條愈稀少，一般只約六百克。這類魚被譽為白肉

——一夜干是不分貴賤，可以是喉黑、紅喉、金目鯛到喜知次，也可以是大眾化的竹筴魚、鯖魚、花魚，都各有不同食味。（Photo / ひもの万宝 Himono Manpou）

的拖羅，矜貴在有厚厚的皮下脂肪和細膩的魚肉，不管怎麼烹飪都不會乾柴，即使不加調味，也有種淡雅清香而毫無腥味。

魚不分貴賤，即使貴如喉黑、紅喉、金目鯛，被譽為深海紅寶石的喜知次，甚至小如飛魚也可以製成美味的一夜干，重要的是要吃時鮮及知產地，一般要當造才肥美好吃。別以為飛魚是廉價魚，其中也有些珍品，每年三月至六月間，當溫暖的黑潮來臨時，由菲律賓北上，沿着台灣東海岸洄游的飛魚，正好是其生命力最旺盛，也是最肥美的時候。我記得以前出海，曾遇上幾次飛魚群出沒，真像劃空飛翔，讓人眼花繚亂，有些魚更誤飛到甲板上，翻騰跳躍蔚為奇觀。聽說飛魚種類有高達五十多種，主要分為兩大類別，一種是雙翼型的「飛魚屬」，擁有較發達的胸鰭；另一種為四翼型的「燕鰩魚屬」，離開水面就要靠腹鰭來幫助滑行。一般常見飛魚有黑鰭飛魚、斑鰭飛魚及白鰭飛魚三種，其中黑鰭飛魚，鰭膜上有黑色斑點，體型較大，魚肉肥厚鮮美，但因數量稀少而甚珍貴，可稱之為飛魚中的貴族。

很多賣一夜干的食店都是用現成製好的來貨，而非「落手落腳」自製，想「食好嘢」自然要懂得選擇，這就像去食店見到有魚缸並不代表你可吃到好魚，分分鐘一缸只是養貨還帶着絲絲電油味，只有老實可靠的大廚或老闆才告訴你哪條魚才是海捕正貨，從何處入貨，其實每條貴魚都有來龍去脈，大家心知肚明。海魚除養殖外，多數出海圍捕網捕，但有些只能釣，如紅喉就貴在要海釣，產量稀少，無法大量捕獲，想吃就要靠海釣客，豈能不貴。

日本、台灣都有一些專做一夜干的居酒屋，這類專門店打響招牌自然會講究，他們有特別的來貨渠道，種類多，很多時候能嚐到特選時鮮，加上製作嚴謹，如遇上親和多口水的大廚店主，更可在飽口福之餘，實地得到很多一夜干的冷知識。不過這類專門店可遇不可求，如開在靠漁港的店自然漁人得利，有甚麼漁獲都第一時間找到，所以我到靠海的地方會特別打聽有沒有可靠的小店，靠海吃海一點沒錯。

像遠在日本伊豆南端下田市的外浦海岸，一個很偏僻頗鄉下的地方，在隱蔽的小港町裡，竟也可搜密到一間毫不起眼，只賣現捕魚的小小店，名叫ひもの万宝（Himono Manpou），前往小店的交通不太便利，自駕遊會較好找。店很小顯然有點殘舊和簡陋，如果單看門面你是會失望的。在店的當眼處放着兩個大冰櫃，一個放鮮製一夜干，另一個是店主自慢（編按：じまん，日文中指自豪）的味噌漬，還放了兩張簡陋木枱供堂食，另有個炭爐使用備長炭及一堆夾子，人客可自選魚鮮，每條魚明碼實價，由老闆代勞，烤功無價；一邊擺滿各式清酒。店內洋溢着漁獲的海洋味混着炭香，精選海捕漁獲，細心燒成乾物，沒難聞的魚腥，反而飄着焦香的海水味，老遠一嗅便知找對地方。

店主平井恭一來自伊豆半島的內陸地區，從小喜歡海洋和魚類，夢想搬到海邊開間賣魚店，終於在一九七四年夢想成真，開了這間賣自家製作魚干的小店，他說一輩子都沒離開過下田，只

1 — 小店主要賣自家製一夜干，小屋簡陋平實，已有五十多年歷史，現已由第二代接手。

2 — 老闆經常會親自下厨燒烤，將魚燒得外脆內嫩，保持魚的鮮味。

3 — ひもの万宝是家庭式小店，三代同堂，老闆平井恭一熱情健談，招呼殷勤。

4 — 小店只有兩張簡單木枱供堂吃，客人可自選海鮮，店內散發着鮮魚焦香和海洋的味道。

1-3 (Photo / IKACHI / Tetsuka Tsurusakiu)
4 (Photo / ひもの万宝 Himono Manpou)

和鮮魚打交道，把伊豆附近海域捕獲的鮮魚自家製成魚干出售。店裡除了賣現成魚干外，最特別是他親自用備長炭直火現烤一夜干給客人吃。他不但做一夜干到家，就連烤魚也工夫獨到，掌握火候把魚干烤得鮮美多汁。

其實這家魚干店的招牌菜是伊勢龍蝦干物（伊勢海老の干物），伊勢海老蝦味濃郁，肉質鮮甜有彈性，是伊勢特產。平井自豪地說，他是第一個把龍蝦製成干物的人。

那天有食神，由喉黑、紅喉、金目鯛到喜知次都嚐遍。大條的金目鯛肉質細緻醃得很入味，此魚冬天最肥美最

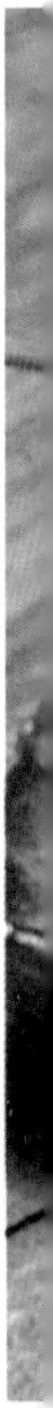

遠在伊豆外浦海岸一間小店，可吃到著名的伊勢海老，老闆說他是首個將龍蝦做成一夜干的人。
(Photo／ひもの万宝 Himono Manpou)

好吃，魚肉被外邊的魚皮和裡邊的骨頭周圍的薄膜包着，渾身魚油，魚肉即使烤也像蒸出來的效果，魚皮會烤得很酥脆，魚肉很嫩滑，烤得外酥內嫩，魚香夾雜着焦香超級味美。而喉黑也一點不輸蝕，皮肉間油脂豐富，雖一夜干仍鎖着濃濃的海洋味，那天竟然還有老闆的拿手好戲，便是伊勢海老做成一夜干，滿口鮮美實在吃得痛快。

這小店除自製一夜干外，還有其他魚乾也很好，每條都很整潔，做到魚身乾淨魚眼還發亮，有位攝影師吃完後更愛上這些魚乾造型，他拍照並印在布袋上賣，設計簡潔但很有風格，聽說在網上賣得很火。店主說吃完魚肉後剩下的魚骨頭，不要浪費可將之再用備長炭烤香，連脆骨也可吃掉。老闆平井恭一熱情健談招呼殷勤，他們一家幾口經營家庭式生意，現已由第二代平井雄一接手，小屋雖簡陋但平實，都差不多有五十年歷史，三代人溫馨度日，這麼美味算起來收費「平到喊」，這才是尋味的真樂趣！

相關資訊

ひもの 万宝（Himono Manpou）
地址／〒415-0013 日本静岡縣下田市柿崎 707-13
電話／+81 558-22-8048

十七

日本茶漬飯

並不是一道隨便打發腸胃的食物，
從嚴選食材到製作過程，
都有套極其講究的方法。
二十年代的美食家北大路魯山人
對茶漬飯有他的一套見解，
早已形成自己的獨特流派。

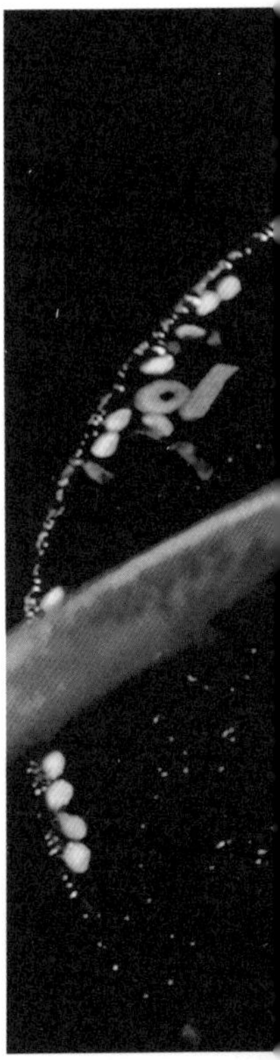

茶漬飯溫暖寂寞的心靈

對很多人來說，二〇二〇年大概是一生中待在家中最多的日子，一日幾餐已經吃不出其味，懶煮懶吃生活愈來愈乏味。見此我提議你不妨改吃茶漬飯，起碼比即食麵好味道又有意思，方便快捷豐儉由人兼千變萬化，只要有好的食材就有好味道，一樣可以令你的味蕾雀躍。其實茶漬飯即茶泡飯，我們早已有之。在日本，大多數人所謂吃晚飯其實只是飲酒，酒才是主角，一切都是為酒而設的小食，到最後尾聲，很多人以來碗茶漬飯飽肚作終結。想起個老笑話是講茶漬飯的，京都人個性很含蓄，到他們家作客，是時候該送客時，他們就會問客人要不要吃碗茶漬飯？其實是暗示客人該告退回家的意思，別會錯意。

在日本，茶漬飯被稱為「武士之食」，遠在戰國時代武士行軍作戰時，以熱茶加佐料泡飯即食，可迅速充飢提神。如用未經發酵又高溫處理的茶葉，其中所含的抗氧化劑還可以預防敗血症。茶漬飯並非簡單只在米飯及配料中加熱茶或高湯的一道料理，當中有很多學問。早於一千年前，文學書籍《源氏物語》和《枕草子》已出現「水飯」、「湯漬け」等詞彙，可見當時已有茶漬飯。由平安時代到戰國時代，茶漬飯都是那些貴族大臣和高僧的食物，他們習慣將飯加上熱水吃，稱為「お湯漬け」，是一種暖胃食物。夏天用涼水做成「水飯」，後來演變為「茶漬」，當時茶葉很貴，一般平民百姓根本吃不起。由熱水至熱茶再用高湯，這茶道到高湯過程已是精進料理，也成為生活享受。

日本茶漬飯並不是一道隨便打發腸胃的食物，從嚴選食材到製作過程，都有套極其講究的方法。二十年代的美食家北大路魯山人（一八八三年至一九五九年）對茶漬飯有他的一套見解，早已形成自己的獨特流派。

各人可隨喜好去配搭食物製作茶漬飯，每種美味食物都可泡成一碗美味的茶漬飯。

茶漬飯由選米開始，米不能太軟也不能太硬，黏度要適中。剛蒸好的米飯不宜用，得稍稍放涼，但做魚肉茶漬飯時，就不適宜用太涼的米飯。對茶湯的要求，魯山人流派絕不容忍用大茶壺胡亂沖泡，粗茶往米飯澆。他們一般會選煎茶作為茶漬飯的茶湯，利用煎茶的香味和苦味來調和。當然，也有用抹茶來做茶漬飯，往茶末裡添加開水，一點一點倒，每人的口味不同，最好要跟自己的口感喜好來控制茶湯濃淡。魯山人贊成做茶漬飯最好用濃一點的茶，無論是抹茶或者煎茶，都應該用最上等的茶，茶好無疑也是好吃的秘訣。如果茶不好，在魯山人眼中看來，就沒有做茶漬飯的意義了。

魯山人流派的茶漬飯花樣很多，甚麼都可做，天婦羅茶漬飯把吃剩的天婦羅烤製灼燒至微焦，一方面可去掉油分，另一方面可增加香味，然後把它們放到米飯上。由於天婦羅泡飯帶甜，一定要用上豉油和鹽調味。撒些鹽，蓋上濃郁的茶汁便變得美味。有時甚至只給米飯撒些鹽，澆上茶湯就感到非常好吃。吃茶漬飯宜隨心所欲，好像跟自己的身體談話，知道自己身體最想要甚麼就吃甚麼好了，不管鰻魚或其他魚類、肉類、梅乾、醃蘿蔔或其他漬物，只要根據當時的身體狀態想吃就吃，自然會感到好味好吃，也是有種幸福感。

北大路魯山人不僅是日本史上知名的美食家，還是一名集篆刻家、畫家、陶藝家、書法家、漆藝家、料理家、美食家為一體的綜合藝術家，是一名極具文人氣質，但水平已完全達到高級職人境界的藝術家。他創辦的北鎌倉窯和星岡茶寮，盛載食物的容器極具心思，甚至自製器皿來盛載自己的食物。試想在一百年前的日本，他已是多面手，既撰稿寫書去描寫食物的味道和文化，也開餐廳散播他的飲食美學，簡直是全能的美食 KOL。

日本的茶漬飯專門店不多，京都的茶漬飯算不錯，主要因當地水質好，水滾茶靚，漬物（指以蔬菜為主的醃漬品）也頂級，京都的蔬菜具盛名，當地稱「京野菜」，有嚴格產地與品種規定，官方定義不能隨便亂說，作物必須在京都府境內種植，能掛上京野菜的品種只有約三十種，如聖護院蕪菁、賀茂茄子、崛川牛蒡、水菜、九條蔥、慈姑、壬生菜等等。古時候京野菜的收穫期只有夏天，為了讓冬天也有蔬菜可吃，京都人利用醃漬的方法將蔬菜保存起來。「京野菜」嚴格規管為的是確保品質，使做出來的漬物甚有水準，不信到京都老舖「西利漬」看看便知其精彩，會因應季節而推出數之不盡的醃漬醬菜，與茶漬飯剛好成絕配。

有家專吃茶漬飯，位於京都御苑旁的百年老店，叫丸太町十二段家，在這老店可試其招牌飯「元祖お茶漬け」（元祖茶漬飯），京都與關東的茶漬飯不一樣，京都的茶漬飯稱為「Bubuzuke」，「Bubu」指的是水與熱茶的意思，顧名思義京都茶漬飯用的茶是真的茶，而關東地區的茶是指高湯，並非指京都人口味比東京人清淡，京都人自小就習慣吃飯配口味濃厚的漬菜，不須再淋高湯來配飯。

傳統京都茶漬飯用的茶是一保堂茶舖（三百年老店）的焙煎茶，清香柔和，茶味不會過濃喧賓奪主。米是新潟大米，粒粒分明晶瑩香甜不會軟黏。京都的漬物是全國最好的，在這裡吃茶漬飯不妨配多些漬物，黃瓜、牛蒡、大根、白菜、白瓜、胡蘿蔔、壬生菜、柴漬。口感多脆生生，有酸有鹹，有鮮有甜，百般滋味各不相同。這樣品嚐簡單的茶飯和漬菜，便可感受到京都那份獨特的從容和內斂。

日本的大城小鎮大多充滿特色，到處可找到驚喜，但偏偏有個城市連日本人也認為是最乏味的，欠缺魅力最不想去，不只一次登上最不想去的城市榜首，那是名古屋。坦白說，我常到關東、關西卻從沒想過去名古屋，但幾次路過，竟然是為了那碗鰻魚飯，意想不到，鰻魚飯的極品竟會在名古屋出現。據日本民調統計，名古屋被選為最不想到訪的城市，但又因一碗鰻魚飯，名古屋的あつた蓬萊軒被日本綜藝美食節目列為十大「全日本排隊再久也必要吃到的人氣店」。下次如有機會到名古屋，甚麼名勝古蹟大可不理，但別錯過那碗鰻魚飯，尤其要試一試鰻魚茶漬。

有一百四十多年歷史的あつた蓬萊軒是間鰻魚專門店，創業於明治六年（公元一八七三年），在名古屋總共有四間店，記着要去本店，因為味道最好，長龍隨時要排個多小時，等到天荒地老。鰻魚飯採用蒲燒的料理手法，將細長的鰻魚切開，去骨上籤。選用最高級的紀州備長炭，把整段鰻魚烤得非常均勻，然後淋上繼承了一百四十年的絕密醬汁，那醬汁才是秘密武器，像某潮菜名店，打從開業至今都用那桶陳年滷水膽，足足用了五十年，老饕都為那滷水芳香而來。雖然也是鰻魚飯，但他們烤鰻有獨特方式，不依慣常說的鰻魚丼（うなぎ丼），而是在當地有個專業的名字叫「櫃まぶし」（Hitsumabushi），意思將鰻魚切成小塊鋪滿飯上，「櫃」是盛裝飯的木製容器，而「まぶし」是鋪滿的意思。當端上焦香撲鼻、色澤金黃的鰻魚飯時，已恨不得要馬上幹掉。每次經名古屋，總會找機會光顧，點三重活鰻可以多吃，我特喜歡其中結局的茶漬飯，簡直是神來之筆，加上芝麻、海苔、青蔥拌上現磨山葵，倒入充滿昆布香氣的熱茶湯，會稍微中和鰻魚的鹹味，鹹度剛剛好。鰻魚醬汁泡着米飯分化在湯內，綻放猶如棉花糖

1 — 用明太子做茶漬飯很普遍，有各種魚和不同鹹度，更有以鮮三文魚卵配茶漬飯。

2 — 三文魚茶漬飯是其中一種既方便易做又好味的茶漬飯。先將三文魚烤出魚油，魚皮焦脆的鹽漬三文魚做出的茶漬飯很美味。

3 — 梅子茶漬飯特別適合夏天吃，用玄米茶做茶湯有獨特的炒米香，用來做茶漬飯很合適，酸酸的梅子帶些微甜，令茶漬飯的味道更有層次。

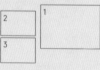

的蒲燒鰻，使味蕾像在奏交響樂。這也不禁令我想起秋冬上市的煲仔飯，有間我常去光顧的小店特別賣啫啫煲，我經常要小煲臘味飯，主角是剩下的厚飯焦，配以上湯加大量蔥花、芫茜，喜歡那種「嘣口」和焦香。

日本的電影及劇集，都有很多講飲食的場面，也經常出現茶漬飯。電影方面，最出名是已故知名導演小津安二郎，他拍過很多以食物為題材的電影，早在五十年代已拍出發人深省的《お茶漬けの味》(《茶泡飯之味》)，大意講一對結婚多年，來自富裕家庭的夫婦，婚後失去激情，彼此過着貌合神離的生活，即將分道揚鑣。一天，丈夫忽然獲公司指派往南美公幹，妻子回家後發現人去室空，頓有所悟。由於飛機故障，丈夫折返家中，最後這對怨偶在飯桌上吃米糠醬醃鹹菜泡飯，一頓簡單的「茶漬飯」令兩人明白了生活的真諦，夫妻終於放下積怨，芥蒂全消，坐在一起吃了這餐平淡無奇的茶漬飯，最後妻子含淚對丈夫說：「其實夫婦之間，就是這碗茶漬飯的滋味！」妻子開始珍惜和接納丈夫的生活哲學，日子細水長流，粗茶淡飯才是幸福的滋味，沒想到一碗茶漬飯竟挽救了這段瀕臨破裂的婚姻。

大受歡迎的日本漫畫《深夜食堂》中，有三位經常光顧的沒男人的單身熟女，被戲稱為「茶漬飯三姊妹」。她們一個喜歡茶漬飯加梅乾，一個喜歡加明太子，一個喜歡三文魚。每次光顧，老闆都默契地送上各自喜愛的茶漬飯。然後她們盡情地吃，盡情地八卦。當大家有爭持時，老闆便讓她們互相交換吃對方喜好的東西，讓大家試站在對方的角度去品嚐，想不到一碗茶漬飯還見證了三人間的友情。正如在《深夜食堂》中所描述：這碗茶漬飯，溫暖的不只是胃，還有寂寞的心靈。

相關資訊
あつた 蓬萊軒本店
地址／〒 456-0043 愛知縣名古屋市熱田區神戶町 503
電話／+81 52-671-8686
交通／地鐵名城線伝馬町站下車，步行約三分鐘。
丸太町十二段家
地址／〒 604-0867 京都市中京區常真橫町 184-3（丸太町通烏丸西入）
電話／+81 75-211-5884
交通／搭京都地鐵烏丸線在丸太町站下車，步行一分鐘即可抵達。

撕開麵包的瞬間
會有微濕的熱氣散發出來，
同時還聞到淡淡的酵母味
和奶油香味，
我們各自捧着一個大枕頭包撕開，
冒着熱煙就此幹掉。

手撕枕頭包

如果喝紅酒有所謂品酒會，即 Wine Tasting，喝咖啡就有 Coffee Tasting，即使吃生蠔都有 Oyster Tasting，換言之甚麼都可品之試之「taste」一番，那麼今天就由麵包控來個 Bread Tasting。

幾年前我帶了班人去關西旅行，這班人是親人加兩位朋友，美其名為旅行團其實是大食團，很有焦點的由早到晚吃吃吃，其中有幾位是大食耆英，他們的開胃程度令我招架不住。某天我要趁機喘喘氣，想有點私人空間，於是和友人在大阪梅田附近遊蕩，朋友提議下午茶找點新意思，我靈機一觸不如帶他吃麵包，Wine Tasting、Oyster Tasting 好普通，但 Bready Tasting 相信

在淺草的人氣麵包店 Pelican Bakery 已有七十多年歷史，一直做高質方包，只專注鑽研味道。

有點新意。這次「taste」的不是普通麵包，而是方包，即我們熟悉的枕頭包，當時算是最新潮的小吃，幾間高級麵包店推出獨家研發改造方包，引起搶購熱潮。

我找了間有烘房的吐司工作室叫 Atelier Gute ，賣的品種很少，只有山形吐司、角形吐司和吐司酥條，地方很小主要放烘麵包爐，很多人就在店外等着麵包出爐。Atelier Gute 的麵包都是用日本國產原料、自家製的天然酵母酸種做的，甚麼都是本土，分很多時段不斷出爐，店內的位置很小，只得三兩個邊角吧位可供喝咖啡，我們就坐在吧位邊喝咖啡邊等麵包出爐，要了兩大塊完整方包，朋友以為我瘋掉，因為份量足有八大塊，而且超厚切。店內大字標榜着「好的吐司就是要用手撕着吃！」果然撕開麵包的瞬間會有微濕的熱氣散發出來，同時還聞到淡淡的酵母味和奶油香味，我

「生吐司」必用優質材料製作，出爐後散發出濃濃的麵包香，可嗅到酵母味和奶油香味。

們各自捧着一個大枕頭包撕開，冒着熱煙就此幹掉。朋友說從未試過這樣吃麵包，吃得很痛快還要如此好味，絲綿鬆軟的新鮮方包，根本不須添加任何配料，是真正的麵包香和天然美味，像捧着整隻剛烤起的燒雞撕着吃，與端正地用刀叉吃味道不同，撕吃整個出爐方包，相信也沒多少人有這樣吃方包的經驗。

你可以說日本人愛鑽牛角尖，事無大小都要極力研究，如在餐桌上大小食物無不觀察入微，由名貴的食物到平凡的食材，一碗飯、一杯水他們都可以長篇大論去研究一番，更何況是麵包。世界各地的麵包幾乎都可以在日本找到，日本人對各式各樣的麵包早已成專家，他們有一套自己的製作方法，往往化腐朽為神奇，將平凡都變得不平凡，走出另一種境界。近年日本人將餐桌上的焦點轉到麵包上，但不是普通麵包，

而是我們熟悉的枕頭包，是高級的方包和以此做成的各種多士。方包到處都有，但烘焙大師各施各法，要在平凡中找出不平凡的美味，從嚴選材料到鑽研獨家秘方，令方包千變萬化。

東京淺草有間經常要排長龍的老牌麵包店鵜鶘麵包店（Pelican），於一九四二年創業，七十多年來，一直主打高質量的方包及麵包卷，只專注鑽研味道，以小麥、牛油、砂糖、鹽及酵母，這些最基本的材料組合，無添加防腐劑，製作出很簡單但很好吃的麵包。鵜鶘麵包店還有自己直營的咖啡店，招牌就是炭燒厚切多士，多士表面香脆，裡面柔軟細膩，他們稱之為「鵜鶘麵包」風味。他們還堅持只賣新鮮出爐麵包，令多士更香更好吃，招牌就成了質素的代名詞。由於很多客人預訂，每天很快便售完，以致很多人慕名而來但都「碰釘」買不到，「鵜鶘麵包」曾被遊客譽為要靠運氣才可買到的伴手禮。像這種平實但有高質素的老字號街坊麵包店其實有很多，稍留意都發現要排長龍。

我去茶餐廳，最喜歡吃厚切多士，簡單的厚且油多，不過厚極都不外如是，水準也不穩定，

Atelier Gute 自設烘房製作方包，雖品種不多，但每間麵包專門店都以獨家研發的改造方包作招徠。

偶然做到外脆內綿已喜出望外，多數時候是令人失望的，主要是質素出問題，焗烤工夫毫不講究，甚至可以說馬虎，公道點說，以茶餐廳的品質水平和收費，是不能有太高要求的。但更令人失望的，是有時去五星級酒店吃，收費五星但做出來的多士也不外如是，與日本的焗多士質素相比，是完全兩回事，實在差太遠了。

日本這股高級方包風其實已吹了很多年，只不過近年愈吹愈烈，據悉最初是在大阪那邊颳起，早於二〇一三年在大阪出現後，現在全國仍可以看到不少主打「生吐司」的專門店，還有以吐司為唯一商品的「吐司專賣店」，大家爭相標榜「生吐司」。

——Atelier Gute 強調用自家製的天然酵母，做出的麵包絲綿鬆軟，不用添加其他配料已很入味。

這些麵包店除了強調食材的品質以及產地之外，麵包出爐後要鬆軟彈性，還有麵包邊不可過硬，也是「生吐司」的特色之一，現已愈出愈刁鑽，他們稱之為「生食パン」，台灣叫生吐司，即我們的多士。究竟甚麼是生吐司？日文裡「生」的意思是「不經過任何加工、不須外加任何東西」，生吐司指的就是可直接單吃，不須配料已是非常好吃的吐司麵包。這種多士不會像三文治一樣，要放入大堆東西，反而流行簡單直接，只塗上各式精緻果醬或牛油、蜂蜜，除了講究強調食材品質及產地外，更着重麵包出爐後的鬆軟彈性度，還有麵包邊不會過硬，要突顯整體的口感和味道。

大阪有多間高級吐司名店，方包賣到開巷，要不人人排大隊等出爐，要不就空空如也，因瞬間已被搶購一空。各店都有自己獨特的風格，如著名吐司專賣店「高匠」（Takashou），獨沽一味只賣一種方包，採用特選的原料食材製作出蓬鬆柔軟的方包，口感細緻綿密味道香郁。推薦甚麼都不用沾也不須抹醬可直接品嚐，因為麵包本身帶有香甜的口感，所以就算不抹任何奶油果醬，也一樣美味好吃。整體來說口感紮實而不乾澀，可以品嚐到麵包最單純的香氣及美味。

另一間麵包店「嵜本」（Sakimoto & Jam），老闆也開設連鎖芝士撻名店 Pablo，他說這麵包店是為女兒而設的，標榜「極美原味」，以湯種製法製成，拆封就湧出濃郁的香甜氣味，口感潤澤富彈性，使用淡路島牛奶、北海道奶油，並添加蜂蜜增添風味，還有股淡淡的酒味，吃起來有香甜的氣味，直接吃就更美味。目前最具人氣的是連年獲獎的「乃が美」（Nogami），這款麵包強調使用最高級的國產小麥粉，不用雞蛋，是以店裡獨特方式做出來的「生吐司」，濃厚香醇直接拿來吃已回味無窮，有說隔一天吃味道更好，此店一天可以銷售五千條以上的麵包，供不應求，麵包控經常失望而回。下次去大阪不妨試試手撕新鮮出爐的高質枕頭包，你會有不同的體會！

我們溝得這麼早，
也溝得這麼好，
但為甚麼沒溝出一個更大、
更好、更深遠的未來？
我們的創意究竟去了哪裡？
我們曾經有鴛鴦，
但這麼多年亦只有鴛鴦，
我們需要有更多、更大群的鴛鴦，
飛上天空。

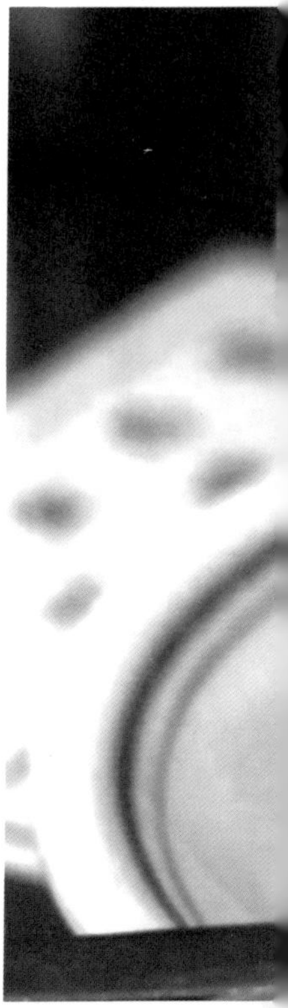

鴛鴦的溝飲文化

歐洲人喜歡在寒冷的天氣中煮上一鍋加入香料的紅酒，尤其是聖誕新年期間，一定少不了喝一鍋加入柳橙或蘋果丁的熱紅酒，成為寒冬中的甜蜜微醺。這種叫熱紅酒（Mulled Wine）的混合熱酒，據說是古希臘人最先發明，覺得把喝不完的酒倒掉很可惜，於是把各種喝剩的酒倒在一起，再加香料煮了喝。也有說首次記載是在西元二世紀，當時羅馬人行遍歐洲，把自家製的葡萄酒、葡萄栽培技術、熱香料酒的配方帶到兩個重要流域——萊茵河與多瑙河，還有蘇格蘭邊境，這種酒也從此流到英國。雖然名字叫熱紅酒，但其實不限於葡萄酒，烈酒版的熱紅酒叫做賓治酒（Punch），用冧酒（Rum）、白蘭地或利口酒（Liqueur）來創造其濃郁的口感。不管這是賓治酒或雞尾酒其實都屬混合飲料，成為日後所有混溝飲料的「前科」。

以前有句老話，說銀行多過米舖，隨着來港自由行旅客增加，有陣子手機店、金舖，連藥房都多過銀行。之前我曾因一些項目而做過有關賣茶店的市場調查，發覺小茶店早已遍地開花，光在銅鑼灣某條小街，甚至見到有四間不同的賣茶店，相連開在一起，可見賣茶處處，隨意可來一杯。這些茶店其實都是賣「溝茶」（即混合飲品，溝即混合），由多年前的台式珍珠奶茶，到今天溝甚麼都有，由各式花茶、水果茶到山草藥茶，你想到的都可溝出來。

記得八十年代我到洛杉磯探親，一家人晚飯後，眾小輩嚷着要去喝珍珠奶茶（Bubble Tea），我才醒覺原來珍珠奶茶早已悄悄地「入侵」，迷倒了一眾洋人，那十天八天我天天陪着他們喝珍珠奶茶，令我往後很長一段日子都引以為懼。

珍珠奶茶的名堂很多，又叫粉圓奶茶、波霸奶茶，也簡稱珍奶，大約八十年代在台灣發明和發揚光大，其將「粉圓」與香醇奶茶混合成新口味確是一大「發明」，你可說這才算是創意產業，由於口感特殊，廣受歡迎及得到不少迴響，成為台灣最具代表性的街頭特飲。多年來，已由台灣流行到世界各地，甚至今天引伸成各式各樣、千奇百怪的溝茶特飲。不過溝飲時切勿自作聰明亂溝，試過香港某年有三名小女生，自以為好聰明，想搞搞新意思，自創新潮雞尾甜品，

「忌廉溝鮮奶」在七十年代曾大受歡迎，但倒的先後次序會帶出不同口味，原來都有點學問。

把乳酸飲品益力多溝可樂混進豆腐花當甜品，一齊試新品，結果溝出禍，吃完後立即腸胃不適，全部要送院治理。

其實，相比起台灣，港人之溝飲文化發展得更早，早在六十年代已出現，當中一些獨有的港式特飲，如用忌廉搭配其他飲品或甜品而形成新口味。記得曾紅極一時的「忌廉溝雪糕」，就是把雪糕球放進大碗內，再淋上「玉泉忌廉」，就能享受多層次的香濃滋味。金黃色的「玉泉忌廉」早於七十年代已登陸香港，見證半個世紀的時代變遷，陪伴無數港人成長。之後又發展成經典的「忌廉溝鮮奶」，這絕配在當時的茶餐廳大受歡迎，夥記放下一瓶鮮奶、一瓶忌廉和兩個杯，任客人按個人口感各自調出「忌廉溝鮮奶」，八十年代有部港產片也以此為名，可見深入民心。

無論「忌廉溝鮮奶」如何好喝，溝的方法都有點學問不宜搞亂次序，可以將忌廉汽水加進鮮奶，或者兩者同時間倒進杯中；但如果將鮮奶倒入忌廉汽水的話，牛奶便會起變化，凝結成粒狀，從而影響口感和賣相。

此外，還有「黃牛」、「黑牛」等，「黃牛」是忌廉加芒果或菠蘿雪糕，而「黑牛」是可樂加朱古力雪糕，這些特飲，已成為港人的集體回憶，但現已很少有賣，港人寧賣珍珠奶茶。

港式溝飲中，我覺得最有特色、創意和具代表性的是「鴛鴦」，據說始創於一九五二年開業的蘭芳園，這老店陪着許多香港人成長，很多遊客到香港必點的絲襪奶茶、鴛鴦奶茶都是蘭芳園的招牌飲品，算是港式奶茶的始祖。鴛鴦奶茶由七成港式奶茶和三成咖啡混和而成，混和兩者能讓飲用者同時享受咖啡的香味和奶茶的濃滑。正宗鴛鴦用錫蘭紅茶和淡奶，也有用煉奶走糖。

台灣各式奶茶店發展蓬勃，不知還有多少空間擴張，但各品牌都不斷為飲品造勢，要將混溝文化更上一層樓。

鴛鴦的起源眾說紛紜，也有人說是由碼頭苦力發明的，他們為補充體力及提神，便將味苦及帶刺激性的咖啡混入茶中飲用。後來由草根階層擴展，深入民心，成為香港的經典飲品。不管源自香港的大牌檔還是西環碼頭，今天鴛鴦已被視為香港文化象徵，以此比喻中西文化交融，而鴛鴦及港式奶茶的製作技藝均被收錄為香港非物質文化遺產，到今天在茶餐廳依然喝到，歷久不衰。

看看我們的本地「鴛鴦」，像對雙生兒，咖啡與茶是你中有我，我中有你，才溝出這個「混血兒」。時至今天，溝茶已溝出個大天地，你不變時別人在動腦筋，時間不容你停下來。像星巴克，在壯大中要尋求改變，不變就變成死路，你看藍瓶咖啡（Blue Bottle）近年標榜手沖咖啡便走出另一條路，所以星巴克也急急加重發展烘焙工坊，將咖啡店優化。看東京中目黑的星巴克旗艦店，其烘焙工坊，能近距離欣賞咖啡豆烘焙、咖啡沖泡過程；四層樓各有不同主題，猶如一座咖啡遊樂園。現不少門店推出手沖咖啡，咖啡師做出來的手沖咖啡如同中藥，所以，每家店舖多少總有一兩個「藥王」存在。

賣茶的也不能幸免，當手搖茶混飲遍地開花時，手搖飲品也要進化大升級，有專業調茶師為你混茶，更有不惜工本，斥巨資打造原葉磨茶機與鮮萃茶機，顛覆傳統茶飲與手搖飲品的既定印象，沒有一桶桶預先泡好備着的茶飲，而是要杯杯皆原葉現磨、現萃。將東方茶文化結合西方咖啡萃取技術，由專業調茶師去調茶，讓你品嚐到精品般的茶飲，這大概是溝茶技藝的又一進化。

我看過某個做溝茶產品的成功案例，感覺頗有啓發性。溝茶市場有眾多的競爭者，大多經營者都覺得最難是留住顧客，令他們對產品產生好感，留下記憶。這位年輕的經營者在創業首年，一直努力試圖調出完美的味道，天天在沖調試味，但不是太淡就是太濃，一天到晚來回折騰。直到一天聽到一個評論，說他的飲品沒讓顧客喝出「戀愛的感覺」，欠缺的正是那種驚喜感和爆發感，也就是難忘的口感。消費者要求不一，你不可能遷就每個人，否則只會掉入味道的深坑。口感應該豐富和多層次，才讓人留下記憶點。好像麥當勞的麥辣雞做到外脆內嫩，便是種口感，假如煎壞了一塊牛排，再好也嚐不出美味。人們的口味不同，但對口感的認知則相當一致。其後，他們用好配方、好材料和好工藝不斷優化口感。例如有款桃子茶，便選用三種不同地方的桃子去做，有些桃子用來做果肉，因有口感；有些桃子用來榨汁，因味道好；有些桃子用來調出顏色，使觀感更符合少女心，可見要溝好一杯成功的飲品是不容易的。

其實溝飲文化古已有之，尤其是茶便溝得更早，用兩種茶葉甚至多種來溝，很多時候會溝出新口味，簡單如菊普、菊壽已很普遍。喝鐵觀音溝鳳凰單欉較刁鑽，在市面所買到的鐵觀音通常並非真正鐵觀音，多由幾種不同的茶組成，叫「色種茶」。下次你買鐵觀音，不妨再加鳳凰單欉，此茶屬半發酵品種，味甘濃厚，如用七成鐵觀音加三成鳳凰單欉，會帶出特別的韻味。在外喝茶時叫普洱茶，你以為有真正的普洱給你喝？若了解一餅正裝普洱價值多少，你便會收聲默默喝回你的A貨了，貴如陸羽茶室收每位茶價三十多元，也不過是有位好的混茶師溝出來，如要品嚐純正普洱還是要自備私伙。

——其實混茶文化一早已在唐朝出現，菊花普洱、菊花壽眉已是混溝。

早上到陸羽吃一盅兩件，主要貪其水滾茶靚，以坊間一般飲茶標準，陸羽的茶的確贏一條街，但亦僅限於飲茶水平，要再挑剔是不公平的，你不能以泡一壺宋聘的價值去相比，起碼茶是自搜，有老茶師混茶，絕對水滾沖泡，那已很不錯。我常自備各樣「道具」去加料溝飲，反正普洱本是溝，我不介意多點花樣，有私家老陳皮、保加利亞小玫瑰，也有古樹生普洱，我還收藏了幾包老樹茶葉，是真正幾千米高的深山古樹茶，與熟茶是兩回事。

溝普洱之餘，我在思考，也很感觸，我們溝得這麼早，也溝得這麼好，但為甚麼沒溝出一個更大、更好、更深遠的未來？我們的創意究竟去了哪裡？我們曾經有鴛鴦，但這麼多年亦只有鴛鴦，我們需要有更多、更大群的鴛鴦，飛上天空，飛向世界，年輕朋友努力吧，永遠看着明天，明天屬於你們，那才是未來的世界！

後記

有人質疑說鴛鴦是水鳥，只會戲水不會飛，我說我見過牠在樹上，難道是跳上去嗎？鴛鴦當然會飛，鴛鴦是雁形目鴨科的候鳥。繁殖於東亞的俄羅斯、中國東北、韓國、日本等地，冬季時就遷移到較溫暖的南方過冬。

客が今夜も来店!!
案外合うもんだよ、
性格が
真逆ってのは。
BIG
個性豊かな常連客が今夜も来店!!
今夜も!
深夜食堂
こんな時だが、
ライブ! やろうぜ!!
Netflixにて
ドラマ
『深夜食堂5』
絶賛配信中!!!
特別コラム
収録!!
みんなで
やろうぜ、
ライブ!!
安倍夜郎

自由自在地享受美食，
不被時間和社會束縛，
只沉醉在自己美食世界的生活，
使人領悟到「吃」是人最
基本的追求，
卻是我們最容易獲得的幸福感。

每個人都在找自己的深夜食堂

我很喜歡看有關食物的影片，從紀錄片到劇情片，有食物介紹，食物遊記，不管是食材或料理，大廚或食店等等任何類型我都看得津津入味，看過好像已食過，都不想錯過。日本有很多有關食物的劇集，其中《孤獨的美食家》和《深夜食堂》都屬長青劇集，播了很多季，我認識《深夜食堂》始於漫畫，原創人是漫畫家安倍夜郎，他從小喜愛漫畫，大學畢業後投身廣告圈，做過廣告導演。我想起自己的歷程也有點和他相似，我七歲已畫公仔，十一、二歲開始賺稿費，及後更以此謀生，接着入廣告圈，也做了很多年廣告導演，因為喜歡美食，所以看這漫畫，自然會有親切感。

安倍夜郎在二〇〇三年以《山本掏耳店》獲得「小學館新人漫畫大賞」，四十歲才成為專業漫畫家。他在某天聽到首歌，曲內旁白說了一句「深夜零時起營業的炸串店」，便得到靈感構思起《深夜食堂》的故事，他覺得如果有這樣的食堂就會很滿足。安倍是「寡佬」一名，經常要「食自己」，他說自己不懂做菜，只會偶爾煮些很簡單的小菜，談不上廚藝，更從沒想過要開店。常光顧的不是食堂，而是一間位於新宿黃金街的專賣小吃的小店，便以此作藍本，成為《深夜食堂》的創作舞台，他把很多品嚐過的料理，都畫在作品裡。他不但留意食物，更留意出出入入的各色人等，並從中取得靈感，很多角色都有原型，如開 Gay 吧的小壽壽便是。

《深夜食堂》中所描述的都是一般家常菜式，但因背後都有動人故事而深受歡迎，如八爪魚香腸已家傳戶曉。

這麼多年來，在深夜食堂出現過的人物多不勝數，難得都性格鮮明，各人有喜愛的菜式，你看見他就像見到他愛的菜餚，像經常見到的茶漬飯三姊妹，有各自喜愛的茶漬飯；娘娘腔的常客小壽壽，總愛點玉子燒，自從吃過黑道大佬阿龍的章魚小紅腸便喜歡上阿龍，大佬「酷死」小壽壽「姣死」，他們這段關係最有趣，每次有他們出現，就特別有趣味和有戲味，這就叫火花。他們是我較喜歡的一組人物。做大佬阿龍的演員叫松重豐，他還有出演另一套長青覓食劇叫《孤獨的美食家》，也是日本漫畫改編，《深夜食堂》注重故事性，而《孤獨的美食家》不是讓你喝「心靈雞湯」而是一部更加突出「肉慾社會」的覓食劇。松重豐由飾演酷酷的黑社會老大，在《孤獨的美食家》變身成呆萌的吃貨大叔。他胃口不大，但拍這劇集要大量進食，所以在拍攝前後，都要餓幾天不吃東西，留些位置放其他食物。

《孤獨的美食家》是一部很簡單的覓食劇集，沒甚麼劇情，講一名經營進口雜貨商店的男子井之頭五郎（松重豐飾），利用工作間隙，前往各地餐館吃飯的故事。我們透過五郎獨來獨往，卻自由自在地享受美食，不被時間和社會束縛，只沉醉在自己美食世界的生活，使人領悟到「吃」是人最基本的追求，卻是我們最容易獲得的幸福感，人一天到晚營營役役，常追求一些觸不可及的事，而往往忽視了身邊的小確幸。有趣的是，這劇集由二〇一二年首播，至今已拍到第八季，依然極受歡迎，松重豐至今仍不明這劇為何如此受歡迎，他在訪問中說，從第一次看到劇本時，就完全無法理解怎麼會有人想看自己到處吃東西。

至於《深夜食堂》，面世不經不覺已超過十年，由二〇〇六年安倍夜郎創作的漫畫作品首度發表，至今共暢銷了六百餘萬冊，廣受各地讀者喜愛。在二〇〇九年十月拍成電視劇集，由小林薰主演，電影版於二〇一五年一月上映，仍然由小林薰主演，電影版續集於二〇一六年十一月上映。最新的第五季劇集《深夜食堂——東京故事2》共十集，已於二〇一九年十月在Netflix首播，由此可見《深夜食堂》的魅力有多大。

小林薰面冷心熱，臉上那道疤痕，謎一樣的身世，早已深入民心。每集從片頭的音樂開始，沿着新宿燦爛的夜色與車流緩緩前進，引人走進這間毫不起眼的小食堂，你彷彿已嗅到廚間那些炒着的洋蔥紅蘿蔔和肉塊，散發着食物誘人的香味，然後，一幕幕料理人生劇場由此展開。而每集序幕時都重複深夜食堂老闆的例牌獨白：「人們結束一天的忙碌正趕着回家之際，我的一天才剛剛開始。菜單只有這些，隨客人心意下單。只要辦得到的都會做，這是我的經營理念。營業時間是午夜十二時至清晨七時，大家都叫這裡做深夜食堂。問我有沒有客人？還是挺多的。」

這麼多年下來，在《深夜食堂》出現過的人物眾多，甚麼階層甚麼角色人物都有，小小的食堂卻包藏着一個大千世界。作者所挑選的人物包羅萬有，不論黑白道大佬、江湖混混、警察、脫衣舞孃、Gay Bar 老闆、餐館老闆、上班族、主管、相聲家、藝術家……，每位人物都是性格巨星，習慣深夜在外用餐，各人都有屬於自己的料理和故事。作者想表達的，是透過種種不同人物，為了生活、事業、家庭而身心疲累，可能在人生中失去方向，心靈空虛寂寞，感覺如處「人間交叉點」，這些小故事交織成劇情，原來最好的食物就是回憶。

看《深夜食堂》，劇內所介紹的食物並沒有豪華大菜，你不要搞錯，這並非木村拓哉的《摘星廚神》，販賣米芝蓮三星名菜，在深夜食堂出現的全是極普通、看似非常簡單平凡的家常小菜，但這不是重點，重要的是那些慰藉心靈的美味，帶出多少動人的故事。味道往往是一種回憶，每個人都有自己懷念和熟悉的味道，即使是一碗味道熟悉的麵條，都會思念起家人對自己的愛，甚至兒時的往事。

過去十年在《深夜食堂》出現過的食物可能數以百計，很多我都嚐過也有做過，有關食譜的書我也買了多本，盤點這些慰藉心靈的美味，都不難做，且看第一季描述的章魚小香腸是孤獨的黑道大佬來店必吃，玉子燒是同性戀酒吧老闆小壽壽，每次過來總愛點的食物，兩人相識後結成為好友，兩個孤獨的人與孤獨的心，在深夜中互相陪伴。

「貓飯」令無名歌手在這裡遇上了幫助她發光的作曲家；「薯仔沙律」讓人念念不忘媽媽的味道；「牛油拌飯」是一曲寫給曾經心愛姑娘的歌；「豬扒飯」是拳擊選手每次在訓練後總會來這裡吃上一碗的；「雞蛋三文治」講漂亮女孩因為三文治，漸漸喜歡上貧苦的大學生；「豉油炒麵」說的是當紅女明星總愛來吃一份沒有加海苔的豉油炒麵，隱藏着她被爸爸拋棄的痛苦；「烤竹莢魚乾」講老太太靠跳脫衣舞養大兒子，職業不分貴賤，每人都有被尊重的權利。所有這些暖胃走心的美食，已成功治癒了無數觀眾的心靈。

安倍夜郎的作品都是以大都會巷弄裡，那間通宵營業的小食堂為舞台背景，他將出出入入人客的各種動人故事，加上老闆做的家常料理，調理得有時哀傷有時溫馨，不獨充滿料理的香味，也散發濃濃的人情味。他自謙題材是信手拈來，我才不信，他背後肯定有很紮實的根基和做足

玉子燒也是其中一道經常做的家庭菜，有多種不同做法，《深夜食堂》中常做的是厚燒。

資料搜集，每道菜式及故事都不是隨意發揮，我看他的書講土佐料理和幡多方言，還有他故鄉四萬十川，該處的一景一物都成為《深夜食堂》的原點，很多童年回憶也成為日後題材的養分，作品中流露的人生哲理，深夜食堂內的幕後密話，只要留意都盡在其中。

《深夜食堂》最初播出時並非一帆風順，因為預算低且超支，只能作深夜劇播出，通常深夜劇因觀眾少很難出頭。這劇第一季叫好不叫座還虧了本，如第二季不是找到廣告商贊助就做不下去了，此後大受歡迎，到第三季已籌備開拍電影了。這劇集不知治癒了多少深夜難眠的遊魂，聽到鈴

——《深夜食堂》通過三種不同味道的茶漬飯，帶出不同的人生故事。

木常吉唱的片頭曲《回憶》（思ひで）和小林薰的開場白，就覺得世界在那一刻好像突然變得很美好。唱主題曲的鈴木常吉曾是搖滾樂團的主唱兼吉他手，樂團解散後，他也以個人身份活躍於演藝圈，一直默默無聞，開辦小型演唱會現場只得六位觀眾，唱了此曲後一炮而紅，惜在二〇二〇年七月時因患食道癌不敵病魔辭世，享年六十五歲。

《深夜食堂》特殊的風格和令人懷念的味道，吸引各方人客。大家喝着清酒，吃自己鍾情的食物卸下疲憊，在食物香味的裊裊暖意間，上演一幕接一幕充滿人情味的人生故事，悲喜交集猶如食物的甜酸苦辣，人生百味盡在其中。

後記

拜託，請不要再翻拍《深夜食堂》了，這些翻拍片我沒看過也沒興趣看，因沒聽過半句好說話，相對原作在豆瓣榜九點二的評分，國產版只僅二點九分，屬超低分紀錄。不管是黃磊版本或梁家輝版本，給人的感覺都不過是做A貨版，看到那些熟口熟面的造型及場面，即使不看都知會注定失敗收場，但料不到竟有如此多負面的聲音，不管是質疑還是吐槽，都指出毫無新意只是搬字過紙，販賣噱頭和偽情，聽說還有大量植入式的廣告令人反感，如果連賣廣告都如此低級趣味，你怎會對電影有所期望？

結語

CONCLUSION

那麼遠，這麼近，美味暖我心

致親愛的母親

我可以說是沒有童年，對兒時的感覺十分模糊，但對老家仍然有些深刻印象，我記得當時的家十分熱鬧，家族的兄弟姊妹甚眾，雖然住上很多人，幸而地方尚算寬敞，那是棟戰前三十年代建的幾層高唐樓，有大騎樓露台，很寬大的木樓梯，樓宇帶點嶺南建築風味，樓底的天花很高，牆上有木條畫框可供掛畫和相架。我仍記得那些水泥花階磚，是由上世紀二、三十年代從歐洲引進到廣州的，當時成為潮流的裝飾設計。由於花階磚製作工藝繁複，本土沒這技術，都是由國外進口。這種水泥花階磚不但設計特別，原來還有點歷史，傳統的磚都是燒出來的，但

水泥花階磚不是，要靠很高的壓力壓製，彩色水泥才會密實凝結，硬度會非常高，耐磨耐用且愈行愈光滑。早年引進是供應給廣州沙面的外國領事館、洋行等建築物用，後來流行到西關大屋、東山小洋房都用，成為獨特的中西風味，後來這種風格也流行到香港。

這座戰前祖屋糅合了西洋與嶺南建築風格，屋內都採用此類型花磚，配上舊木窗框，最深刻印象是母親房間的屏風門間隔是雕花玻璃的「滿州窗」，屏風頂是透氣的花梨木，中西合璧的「滿州窗」夾雜着嶺南色彩，房間仍掛着抽紗布簾，當陽光從大露台折射進廳房，滿室祥和溫馨，如果不是戰亂，如果不是家父早喪，如果不是家道中落，這該是個完完整整的，一個家。

屋內有多間大房，後方要上十級八級石階到裡邊的廁所、廚房、工人房和雜物房。石階旁是個大神壇，有上下層擺放列代祖先神位，那是母親的地盤，她每天準時早晚上香，放鮮花水果，天天祈求家人平安健康，每逢節日或某先人生辰死忌，她都瞭如指掌，必隆而重之，齊備祭品供奉，我也不明她從何學曉這麼多的儀式，正如她的廚藝，是無師自通的。不管風雨，她着緊這個家要吃得溫飽也要吃得像樣子，所以她對食物由始至終都有份執着和講究。

煲仔焗黃鱔飯是開平著名美食，據說要以活的小黃鱔放血入煲才最鮮美。(Photo / Jed@Kaiping)

那時候，她仍有春菊和蘭姐二人幫她一起打點家務，每天一早一午，她們都會親自去市場選購食物，要當時最新鮮的肉和蔬菜，做當日的家常便飯。節令時旬對她來說非常重要，那時她已奉行不時不吃，還要自然生鮮當造的食物，雖然我們不過是戶普通人家，但嘴卻在不知不覺中，從小被磨尖了。說來慚愧，這麼多年眾多兄弟姊妹只識得吃吃吃，只懂吃不懂做。簡單的餸菜，今天很多已成為絕響，從舌尖之間溜走。

當年家中的爐火長開，一天到晚都在煮這樣煲那樣，隨着季節變換，我們都享盡口福，但當日的我不過是入口飽肚便算，哪

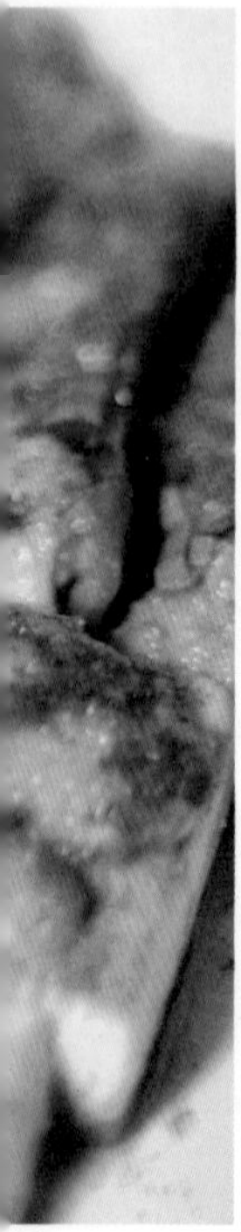

裡懂得欣賞珍惜。只記得當時的紅衫魚是用作「貓魚」，每天要為家貓開爐煎「貓魚」，準備牠的「貓魚飯」，我每天為這腥遍一屋的「貓飯」煩厭不堪。但家貓 Lucky 偏偏是我的家中良伴，晚晚自動上床陪伴我，直至牠百年歸老。而紅衫魚也從昔日的「貓魚」變成美食，之後更被日本人搶購而升價十倍。直至現在我仍喜歡這道家常菜，煎得香香的兩面黃，放少許糖加上靚豉油已十分滋味，如果做個番茄煮紅衫魚，那就可連吃三碗飯，母親常強調這道菜夠營養，因我兒時身體極纖瘦弱不禁風，母親很擔心我養不大。

做簡單的餸菜正正是考牌時間，很多大廚往往連最簡單的食物也做不好，比如煎個蛋，煎個很簡單的荷包蛋，就是煎不出個樣子。現在的煎蛋，蛋白像片膠，反蛋（編按：蛋黃呈半熟狀態的煎蛋）變了散蛋，未吃已倒胃口。我們煎的荷包蛋永遠焦邊但蛋白很軟蛋黃流心。母親做個免治牛肉配薯蓉、番茄、青豆，再蓋上兩隻荷包蛋，加點靚老抽，這個即使做成碟頭飯都無敵，可惜我再吃不到那種味道。

豆腐與腐乳都是開平的地道名菜，可能有好水源，才能做出好豆腐。

(Photo / Jed@Kaiping)

五邑一帶都有別具特色的包糭方式，恩平、開平的糭都較幼細和精緻，很多作送禮用途。

鹹雞籠是開平一道最為常見的點心，形狀呈半月形，裡面塞滿各種各樣的餡料，有蝦米、紅蘿蔔粒、蔬菜粒等。
(Photo / Jed@Kaiping)

當我還是小學生時，秋風起，每天清早蘭姐都準備一小煲飯，上邊是一條小小的牙鱭鹹魚，我們叫它鱭仔，鱭仔是實肉鹹魚，幾片薑絲加點熟油已煮成這煲仔飯，揭起煲蓋香薰一室，我可以用最快速度幹掉。聽說鱭仔是船家海捕自製的鹹魚，淡口但纖維很特別，不過這種小魚好像已消失。早年我們都常吃鹹魚，煎鰽白放點糖那些魚鱗特別香脆可口，霉香的馬友用來蒸豬肉餅要三分肥七分瘦，混合那種霉香味，豈能沒有一碗靚米飯。

我們這個大家庭隨着祖居遷拆後，家族成員都紛紛移居海外各地而起了變化，我很小便離家自立，一直在外地漂泊覓食，回家的日子也愈來愈少，母親之後一直獨居，她最大的寄託，可以說

五邑一帶特別多糕點小食，光是米糍已數之不盡，開平人喜歡糍食，幾乎家家戶戶都會做糍，而且各種各樣的糍食在不同的本土節慶裡都佔一席位。

是食物，是那一頓飯，一頓與家人團聚，一起吃的一頓飯。我現在明白，為甚麼她特別執着，要千辛萬苦的去籌備那一餐飯，不是為了自己，而是為了和家人在一起。過時過節對她來說極其重要，每年那幾頓飯，尤其是在過年前的時間，不是說笑，起碼預早兩、三個月廢寢忘食地準備，她是異常忙碌的，由早到晚到處去籌備過年各大小事項，天天上市場找這樣找那樣，由各種海味乾貨到雞鵝鴨肉類、蔬菜，好像要將整個市場搬回家，搞到滿屋大盤小盤又醃又滷，很多傳統繁瑣的習俗她都要保留在這節日中呈現，很多我們已叫不出名堂的老古菜都在這些日子炮製出來，這習慣持續了很多年，直至年事已高，超出她的體能所能應付才停下來。我們一眾兄弟姊妹年年都勸她不要再搞大龍鳳，乾脆在外吃便算了吧，

開平人都有做艾糍、吃艾糍的習俗，有鹹有甜悉隨尊便。(Photo / Jed@Kaiping)

但誰又能勸止她。

想想這麼多年，我們在過年時都齊集了十多人，在家團聚，看她竟然能準備這麼豐盛的菜式，大家嘆為觀止，大部分還是在外邊吃不到的家鄉菜，像農家碌鵝、鹹雞、筍蝦南乳炆鴨、釀鯪魚……記得有道臘味叫牛欄糍，也有叫牛卵糍，就是像牛卵這麼大的糍。牛卵糍即是開平的年糕，用糯米粉和粘米粉做成，圓圓一團像個網球，未吃時用水浸泡，吃時才蒸熟沾豉油就很鮮美，我更喜歡切片，混合切片芥蘭頭用臘味芹菜炒，美味絕倫。還有大堆菜餔，根本幾星期都吃不完，母親細心將各種食物分門別類，將之裝盒打包供大家帶走，所以各人在新春團拜之餘又吃又拿，是節日的基本動作，也是母親的基本意願。

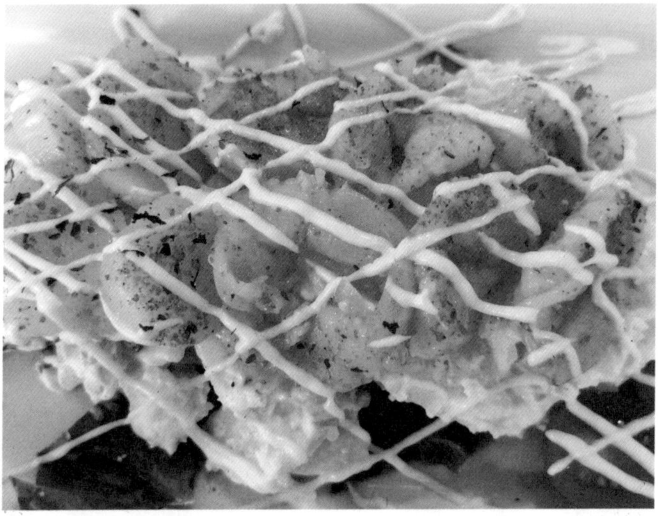

老人家不一定要死守傳統菜，對西餐一樣接受，母親不管甚麼豉油西餐，反正喜歡凍肉沙律冷盤，甚至不介意龍蝦沙律。

母親對季節有種敏感度，不知是否常看着通勝做人，對二十四節氣都懂看，甚麼立春、雨水、驚蟄、春分、清明、穀雨、立夏、小滿、芒種、夏至、小暑、大暑、立秋……都很懂，甚麼時節應做甚麼吃甚麼都有定律，她還說的很準確。她不但跟中式傳統，還要跟西方傳統，每到聖誕新年都要買禮物給小孩，嚷着要吃火雞，她還喜歡吃沙律吃雪糕，我買過較有特色的俄羅斯雜肉沙律給她，她一吃便愛上，這凍肉冷盤 Zakuska，是俄羅斯頭盤，她才不理是甚麼來頭，反正要好吃合她胃口，別以為隨便給她西生菜便過關，她懂選擇不胡亂入口。

母親不過是個舊家庭的傳統女人，一個很普通的家庭主婦，但她卻做着天下間最偉大的事，就是

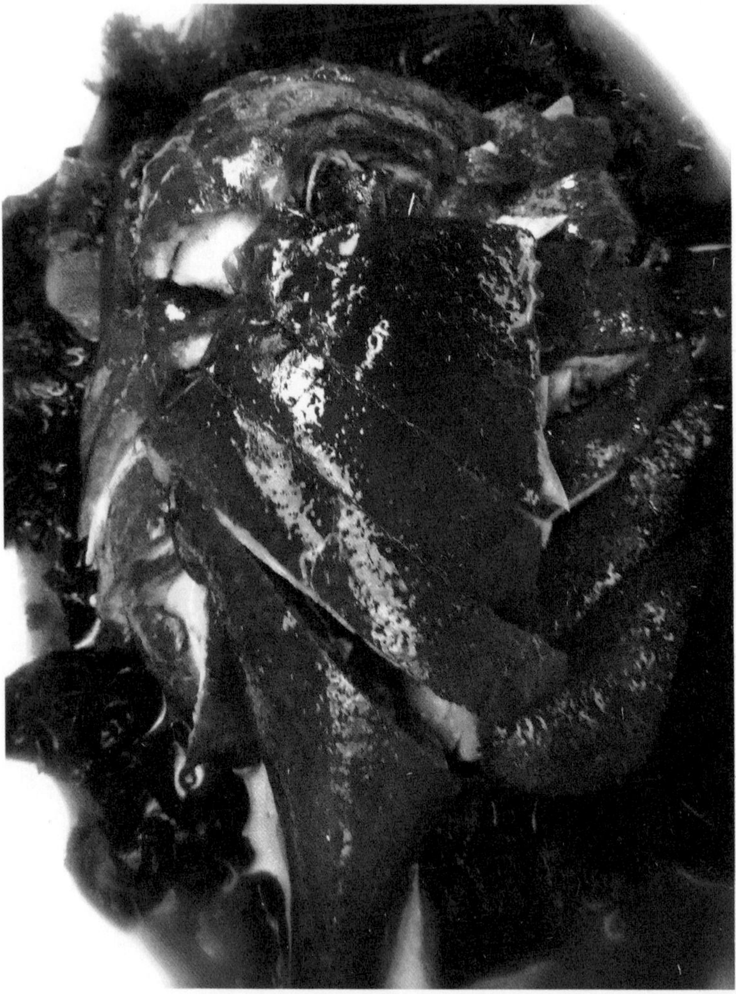

——開平的馬崗鵝是廣東優秀鵝種之一，排四大名鵝之首。珠三角一帶鄉間就流行碌鵝，醬油碌鵝是快被遺忘的嶺南名菜。

透過飯桌，透過食物，將愛傳遞出去。其實，天下間所有母親都不過如是，她們只有付出，沒有要求，沒望回報，她不過想你多點回家，能夠喝一口老火湯，她已經眉飛色舞。母親沒受過高深教育，但她看事情比很多自命高深的人更通透，她其實是有藝術細胞和那年代的口味的，否則便不會懂得挑選和掌握那火候。你問她為甚麼能煮出那麼好的味道，有甚麼秘方，她只懂傻笑說，放一點點糖，放一點點鹽，放一點點豉油，好像甚麼也沒說過。

她看電影看大戲是有選擇性的，所以她是大老倌任白的忠實擁躉，還有她留意時事，很多時候都向我複述些「路邊社」新聞。她既抗拒但又能適應一個人，否則不能獨居這麼多年但卻又隨遇而安。她有自己的一套幽默感，見我長頭髮時就勸我去剪髮，但短髮時就叫我留留頭髮。某次她見我穿了條很破爛的牛仔褲，她很緊張的問我是否生活出問題，我安慰她，很快就會沒事，我會穿回條靚褲見人。

母親特別喜歡薑花，她很喜歡那種氣味，上市場的其中指定動作就是去花檔買薑花，我自少便適應了那種花香，是那種優雅清幽的香味，很配合祖家的花地磚、雕花玻璃、酸枝枱椅，還有她年輕時的旗袍，那是一幅多麼動人的畫卷！

後記

幾年前，我曾在母親節寫了篇短文，替我排字校稿的幾位小女生，竟然邊看邊流淚，我助理紅着眼數落我引她們落淚，看來她們有所感動，而我則有所感觸，看着長年臥床的高堂，我有難以言喻的內疚感。家族人多勢眾，但只有我一個人在十多歲便離家自闖天下，自此與家人各散東西聚少離多，母親常說我是異類，雖然對我有很多祈望，但從沒刻意干預我的所作所為，極盡包容，任勞任怨，只要我能抽空返家吃頓飯便笑逐顏開。一位舊時代的女性，受的教育比我們少，竟然比新時代的人更明事理，更懂包容和無私奉獻，我永遠會懷念她！

——一道番茄薯蓉免治牛肉飯，加上一隻焦邊荷包蛋，可以很簡單，但已吃不到原來的味道。

鳴謝

ACKNOWLEDGEMENT

王澤、邱秀堂
馬龍、方舒眉
楊凡
鄧達智
李安
張家振
Teddy Robin
Kenny Bee
Eric Yeung@Rolling Productions
Chan Wai Hong（Toronto）
Jing Situ（San Francisco）
Richard Wong（San Francisco）
Connie Wong（San Francisco）
Take Nishina（Tokyo）
Aki Tsuchiya@Fortune Bagels
Tetsuka Tsurusaki@IKACHI
Kyoichi Hirai & Yuichi Hirai@ ひもの万宝 Himono Manpou
Eddie So
Paul Chau@Tess
Jed（Kaiping）
Joe Leung@Berlin Optical
Sing Kee Seafood Restaurant

回憶的味道

司徒衛鏞 著/攝影

責任編輯 侯彩琳
書籍設計 姚國豪

出版
三聯書店（香港）有限公司
香港北角英皇道 499 號北角工業大廈 20 樓
Joint Publishing (H.K.) Co., Ltd.
20/F., North Point Industrial Building,
499 King's Road, North Point, Hong Kong

香港發行
香港聯合書刊物流有限公司
香港新界荃灣德士古道 220-248 號 16 樓

印刷
美雅印刷製本有限公司
香港九龍觀塘榮業街 6 號 4 樓 A 室

版次
2020 年 12 月香港第一版第一次印刷

規格
特 16 開（150mm x 218 mm）256 面

國際書號
ISBN 978-962-04-4740-2

三聯書店
http://jointpublishing.com

JPBooks.Plus
http://jpbooks.plus

TASTE OF MEMORY